太陽系學校

人人出版

前言

第一次見面,大家好!
我的名字叫「小紅豬」。

【兒童伽利略系列】總是用簡單明瞭的方法,跟你分享科學的趣味。這次,我們要聊的主題是「太陽系」。

我們居住的地球是太陽系裡面的一顆天體(宇宙中的各種星體)。那麼,你們有沒有想過,在太陽系裡面,還有其他什麼樣的天體呢?

小紅豬

這些天體的體積有多大？距離我們多遠？上頭有沒有生命存在呢？你們有想過這些問題吧？

　　在很久很久以前，太陽系是怎麼形成的呢？在很久很久以後，太陽和太陽系會變成什麼樣子呢？

　　在這本書中，我將會和我的朋友「小藍兔」陪你們一起解答這些疑問哦！

2025年1月
小紅豬

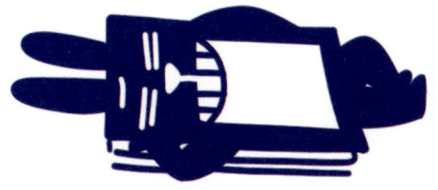

小藍兔

目次

前言 ... 2
本書的特色 ... 8
角色介紹 ... 9

太陽系照相館

挑戰看看吧！太陽系的謎題① ... 10
太陽系的謎題①的答案 ... 12
挑戰看看吧！太陽系的謎題② ... 14
太陽系的謎題②的答案 ... 16
不是土星嗎？ ... 18

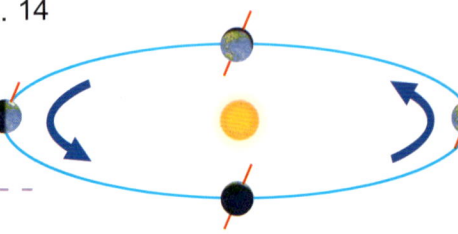

第1節課 太陽系與母體太陽

01 太陽的周圍有8顆行星在繞轉 ... 20
02 如果太陽是直徑100公分的大球，那麼地球就像彈珠，木星就像鉛球 ... 22
03 即使搭乘高鐵，也要花1700年以上才能抵達海王星 ... 24
04 太陽系中，除了行星，還有衛星和小天體在繞轉 ... 26
05 太陽的重量占太陽系總重量的絕大部分 ... 28
06 太陽噴出的火焰大小是地球直徑的幾十倍 ... 30
07 在太陽表面，電漿釋放出各式各樣的電磁波 ... 32
08 太陽的能量來自核融合反應 ... 34
09 太陽吹出的「風」能夠飛到海王星的位置 ... 36
10 太陽的能量只有22億分之1抵達地球 ... 38
11 影像藝廊 觀測衛星拍攝的太陽 ... 40

> **下課時間** 黑子的數量減少，太陽就會變暗？ ... 42

第 2 節課　我們的地球和月球

01　在太陽系中，只有地球確認有生命存在 ... 44
02　二氧化碳在陸地和海洋循環，維持氣候穩定 ... 46
03　地球的樣貌隨著成長而有很大的變化 ... 48
04　太陽光和地球的自轉使地表保持溫暖 ... 50
05　大規模的洋流也和溫暖的氣候有關 ... 52
06　地球有四季是因為自轉軸稍微傾斜 ... 54
　　下課時間　地球自轉軸的方向會移動？ ... 56
07　月球是地球唯一的衛星 ... 58
08　影像藝廊　探測器拍攝的月球 ... 60
09　製造出月球的大撞擊 ... 62
10　月球呈現在夜空的形狀會依它和太陽的位置關係而改變 ... 64
11　潮汐的漲落和月球有很大的關係 ... 66
12　當月球進入地球的影子時會發生月食 ... 68
13　把人類送上月球的阿波羅計畫和以月球及火星為目標的阿提米絲計畫 ... 70
　　下課時間　太陽也有可能被月球遮蔽嗎？ ... 72

第 3 節課　與地球相似的類地行星

01　最靠近太陽的水星是顆布滿隕石坑的「鐵球」 ... 74
02　影像藝廊　探測器拍攝的水星 ... 76
03　金星是一顆非常像地球但環境過度嚴苛的行星 ... 78
04　影像藝廊　探測器拍攝的金星 ... 80
05　金星的絕大部分表面被熔岩覆蓋著 ... 82
06　金星的氣流「超級旋轉」秒速100公尺 ... 84
07　火星是環境類似地球的紅色行星 ... 86

08 影像藝廊 人類把探測車送上了火星 … 88
09 古時候的火星表面有液態水在流動 … 90
10 火星上有太陽系中最大的火山 … 92
　下課時間 火星的衛星是如何形成的呢？… 94

第 4 節課　巨大的氣體行星和冰質行星

01 木星是太陽系最大的氣體巨行星 … 96
02 木星表面有紅色和白色的巨大旋渦 … 98
03 影像藝廊 木星上閃耀的極光 … 100
04 木星擁有大約100顆衛星 … 102
05 土星是擁有巨環的氣體巨行星 … 104
06 影像藝廊 探測器拍攝的土星環 … 106
07 土星是太陽系中擁有最多衛星的行星 … 108
08 土星的衛星土衛二可能有生命存在 … 110
　下課時間 在土星上也能看到極光嗎？… 112
09 天王星是躺著自轉的冰質巨行星 … 114
10 天王星是在古時候被其他天體撞到才傾倒的嗎？… 116
11 影像藝廊 探測器探訪天王星的衛星 … 118
12 海王星是太陽系中最外圍的冰質巨行星 … 120
13 「逆行衛星」海衛一墜落海王星的宿命 … 122
　下課時間 行星的自轉軸傾斜程度有多大？… 124

01 矮行星和小天體也在太陽系中繞轉 … 126
02 曾經是「第9顆行星」的冥王星被重新歸類為矮行星 … 128
03 影像藝廊 探測器拍攝的冥王星 … 130

第5節課 其他的太陽系天體

04 太陽系中的5顆矮行星分為穀神星和冥族小天體 ... 132
05 小行星帶擠滿了小行星 ... 134
06 人類成功地取得小行星的碎片 ... 136
07 海王星的外側有無數的海王星外天體 ... 138
08 髒汙的雪球在接近太陽時變成伸出明亮尾巴的彗星 ... 140
09 「沙粒或岩塊」衝入大氣層會變成在夜空閃耀的流星 ... 142
10 沒有完全燃燒的流星會掉落地面成為隕石 ... 144
下課時間 太陽系的邊界在什麼地方？ ... 146

第6節課 太陽系的誕生到死亡

01 宇宙在138億年前誕生，然後產生無數顆恆星 ... 148
02 「太陽的種子」在含有大量氫的氣體中誕生 ... 150
03 原始太陽在氣體圓盤的中心誕生 ... 152
04 原始行星從氣體圓盤內的大量微塵中誕生 ... 154
05 岩質行星和巨行星的形成過程並不相同 ... 156
06 原始太陽一邊收縮一邊成長為現在的太陽 ... 158
07 太陽從紅巨星演化到白矮星而結束一生 ... 160
08 演化成紅巨星的太陽會反覆地膨脹和收縮 ... 162
09 太陽最後會外側剝離而成為行星狀星雲 ... 164
10 太陽誕生123億年後會演化成白矮星而走向死亡 ... 166
11 影像藝廊 太空望遠鏡拍攝的行星狀星雲 ... 168
下課時間 我們是由恆星的碎片構成的？ ... 170

十二年國教課綱對照表 ... 172

本書的特色

一個主題用2頁做介紹。除了主要的內容，還有告訴我們相關資訊的「筆記」以及能讓我們得到和主題相關小知識的「想知道更多」。

此外，在書中某些地方會出現收集有趣話題的「下課時間」，等著你去輕鬆瀏覽哦！

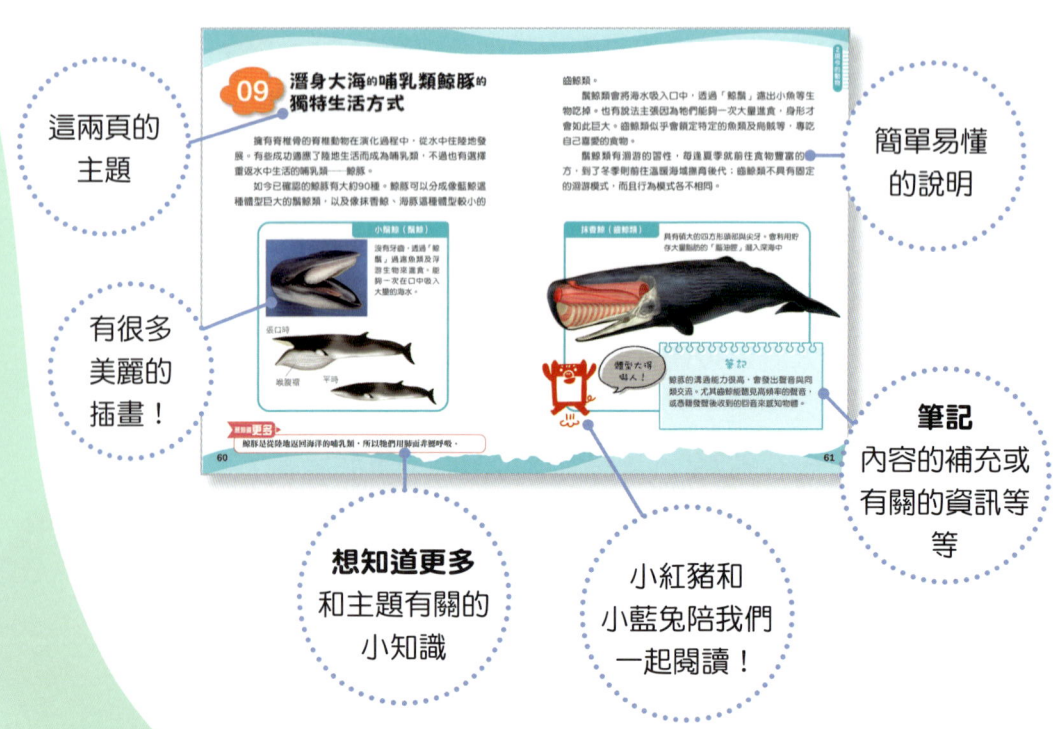

這兩頁的主題

有很多美麗的插畫！

想知道更多
和主題有關的小知識

小紅豬和小藍兔陪我們一起閱讀！

簡單易懂的說明

筆記
內容的補充或有關的資訊等等

角色介紹

小紅豬

【兒童伽利略】科學探險隊的小隊長。
圓圓的鼻子是最迷人的地方。

小藍兔

小紅豬的朋友,科學探險隊的隊員。很得意自己有像兔子一樣長長的耳朵。雖然常常說些笨話,但倒是滿可愛的。

小紅豬也能變身唷!

超新星殘骸

陀螺

眉月

太陽系照相館

挑戰看看吧！
太陽系的謎題

　　開始挑戰第一題。右圖是某顆行星的表面相片利用電腦上色後的模樣。可以看到有許多稱為「隕石坑」的凹洞吧！到底是哪一顆行星呢？

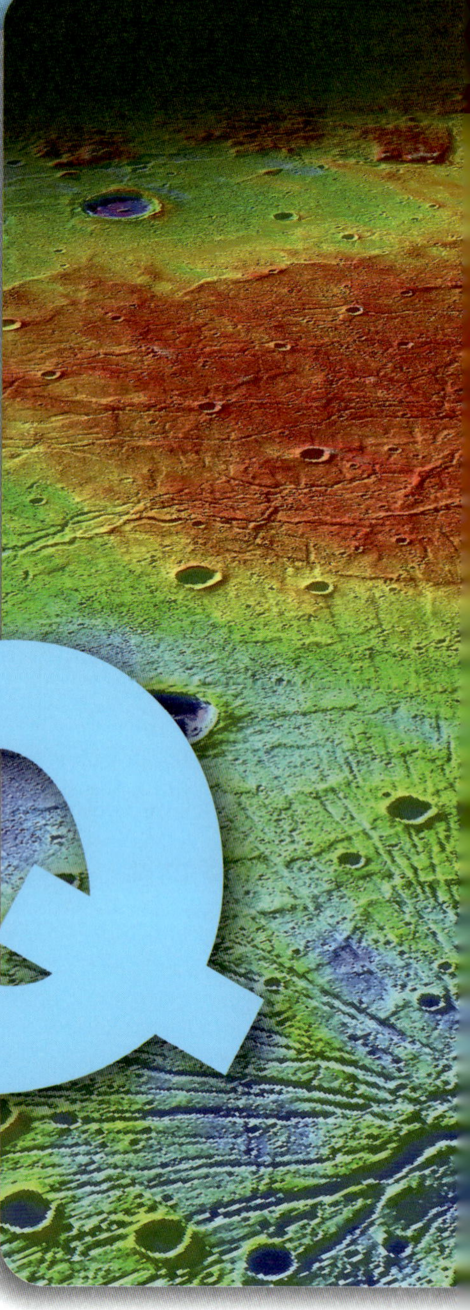

Q

提示一下，這是太陽系中最小的行星哦！

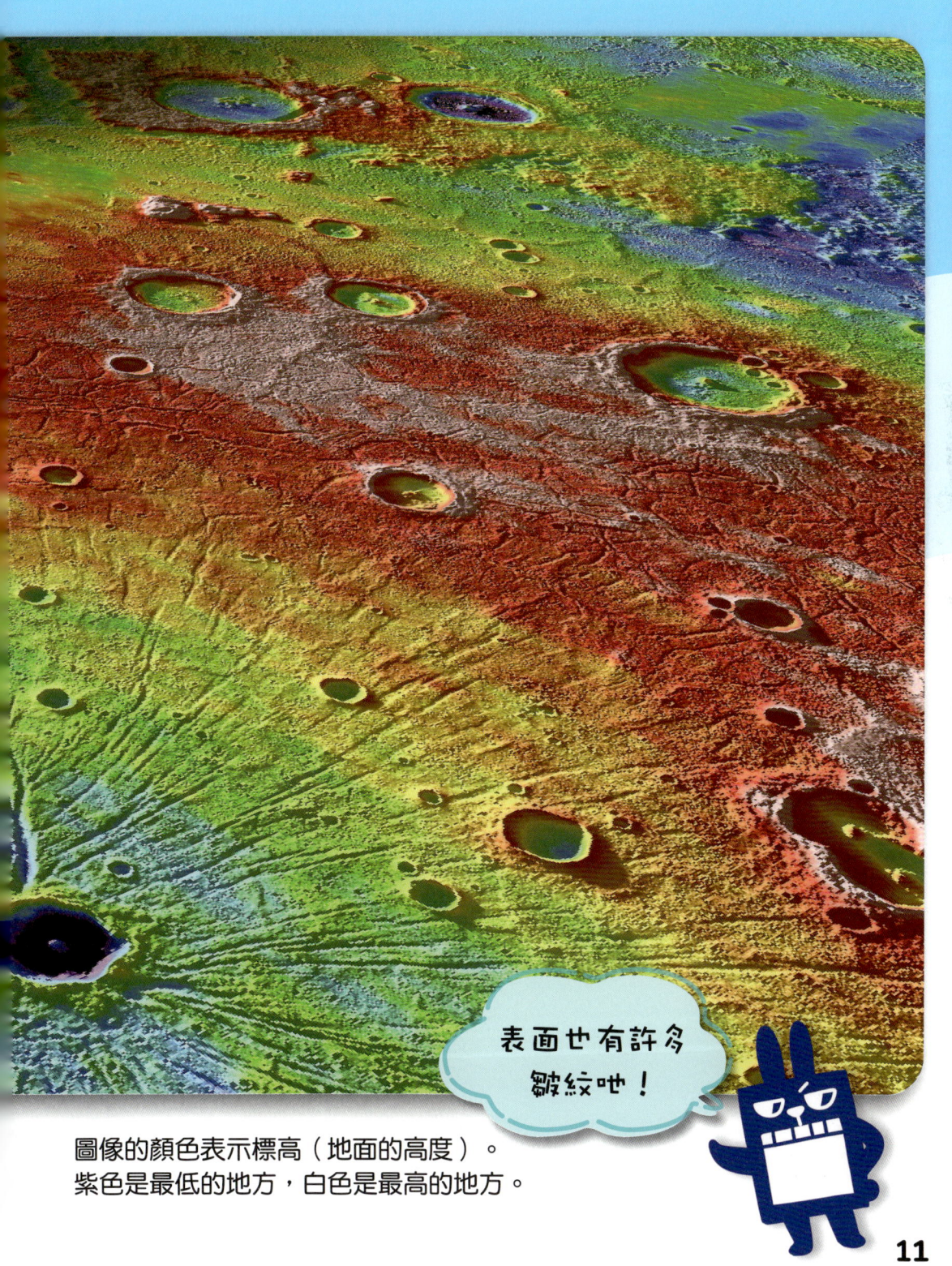

表面也有許多皺紋吧!

圖像的顏色表示標高(地面的高度)。
紫色是最低的地方,白色是最高的地方。

11

太陽系照相館

隕石坑是怎麼形成的呢？

答案是：水星。水星是最靠近太陽的行星，表面有許多隕石坑。想要數清楚有多少個，好像很不容易哦！

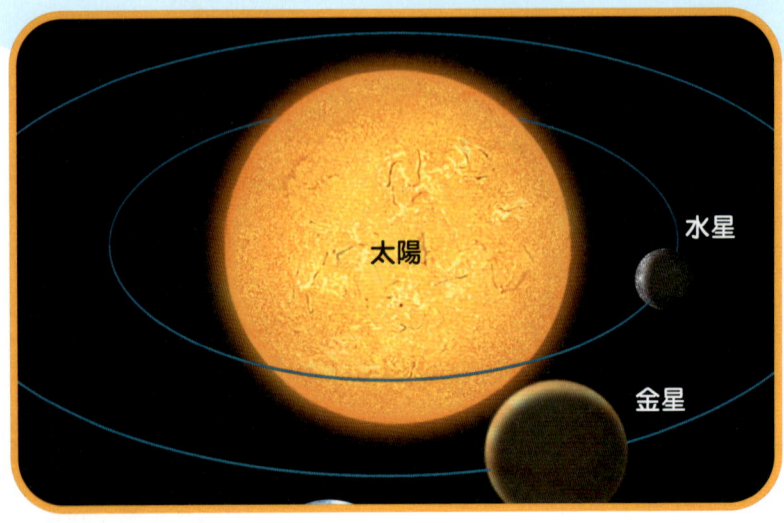

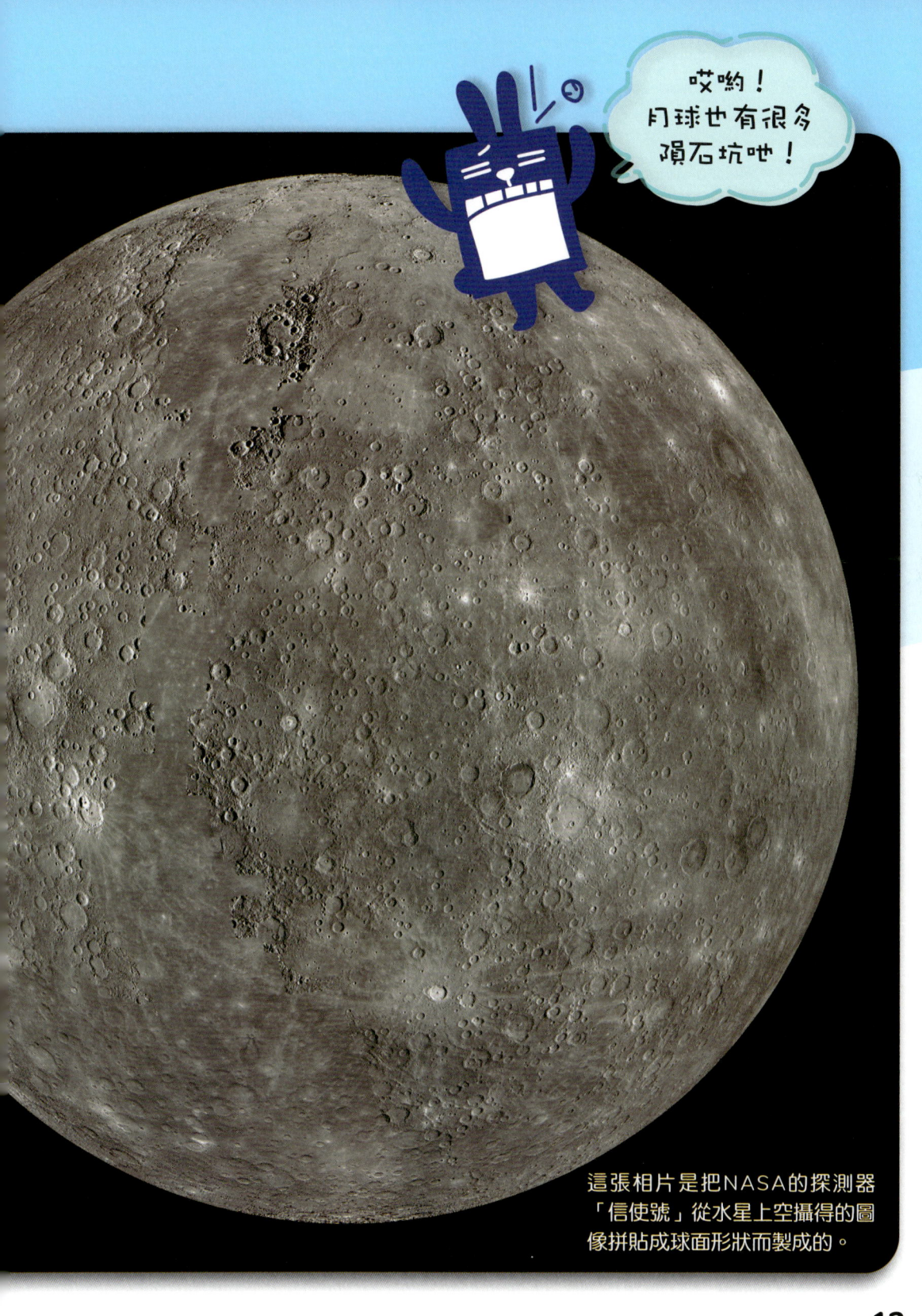

哎喲！月球也有很多隕石坑吔！

這張相片是把NASA的探測器「信使號」從水星上空攝得的圖像拼貼成球面形狀而製成的。

太陽系照相館

接著挑戰第2題。下圖是某顆行星的景色。可以看到凹凸不平的岩石地面、沙丘，還有天空。在這裡騎越野自行車一定很痛快吧！這裡是哪顆行星呢？

從地球上看它是紅色的哦！

太陽系照相館

A 答案是：火星。看右圖可以知道，火星的直徑大約是地球的一半。現在，人類正利用「探測車」在火星上四處行駛，調查火星這顆行星。

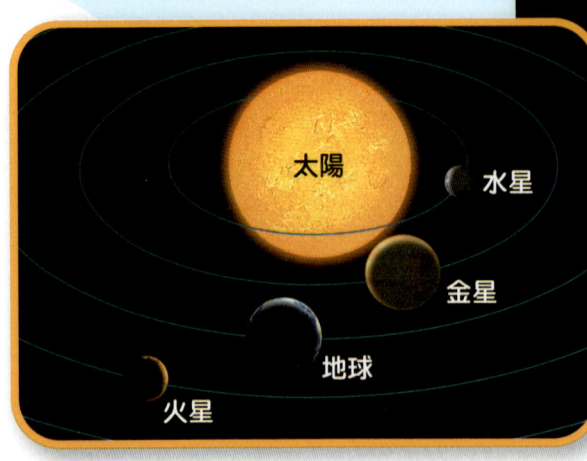

太陽　水星　金星　地球　火星

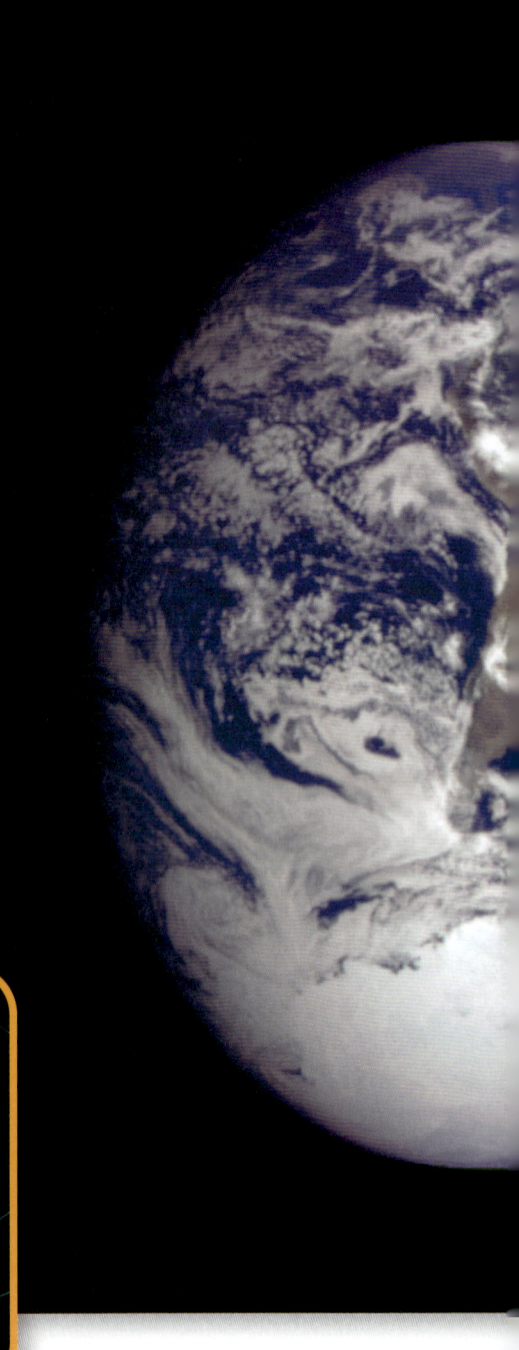

探測器飛到火星就要花上半年啊?

在下圖中,把火星和地球併排在一起,以便比較它們的大小。地球的相片是由NASA的探測器「伽利略號」拍攝的,而火星的相片則是由「火星全球探勘者號」拍攝的。

幸虧有探測器,我們才能知道行星的詳細模樣哦!

太陽系照相館

不是土星嗎？

它的環有點小吧！

本圖中有一顆像土星一樣有環的天體，另一顆天體則像太陽一樣發光。可是，它們既不是土星，也不是太陽！到底是什麼天體呢？（提示在第123頁）

第 **1** 節課

太陽系與母體太陽

我們居住在稱為地球的圓形行星上。這顆地球環繞著非常巨大並且發出明亮光芒的恆星太陽旋轉。太陽是顆什麼樣的恆星呢？太陽的周圍還有什麼樣的天體呢？讓我們出發來一趟太陽系的旅行吧！

我們出發嘍！

01 太陽的周圍有8顆行星在繞轉

環繞太陽旋轉的行星群

這張插圖依照距離太陽由近到遠的順序,簡單地表示8顆繞轉的行星。請注意,由於受限於本書版面,各顆行星的大小和距離太陽的遠近並沒有按照實際的比例。每顆行星都沿著相同的方向環繞太陽公轉。它們的軌道都接近正圓形。

海王星
(冰質巨行星)

天王星
(冰質巨行星)

土星
(氣體巨行星)

木星
(氣體巨行星)

筆記

某一顆天體環繞另一顆天體旋轉稱為「公轉」,公轉的路徑稱為「軌道」。

想知道更多

排列的順序是「水、金、地、火、木、土、天、海」,要記住哦!

1 太陽系與母體太陽

太陽的周圍，包括地球在內，有8顆行星在繞著它旋轉。從內側開始，依照順序是水星、金星、地球、火星、木星、土星、天王星、海王星。

內側的4顆行星，像地球一樣主要是由岩石構成，所以稱為「類地行星」或「岩質行星」。另外4顆行星，主要成分是氣體的木星和土星，稱為「氣體巨行星」，主要成分是冰的天王星和海王星，稱為「冰質巨行星」。

地球是距離太陽第3近的行星哦！

太陽

水星
（類地行星）

金星
（類地行星）

地球
（類地行星）

火星
（類地行星）

02 如果太陽是直徑100公分的大球，那麼地球就像彈珠，木星就像鉛球

我們來比較一下太陽和各顆行星的大小吧！

最大的，當然是太陽。和太陽比起來，從水星到火星的「類地行星」只是一顆小點而已。另一方面，稱為「氣體巨行星」的木星和土星，雖然不像太陽那麼大，但比起類地行星，可說是龐然大物。至於稱為「冰質巨行星」的天王星和海王星，雖然比木星及土星小，但比起地球，也算是巨大的行星。

為了更確實地了解大小的差異，讓我們把整個太陽系縮小，使太陽變成一顆直徑100公分的大球。

在這個「迷你太陽系」裡面，地球變成了直徑0.9公分左右的「彈珠」，木星這顆太陽系中最大的行星變成了「鉛球」，最小的水星則變成了「BB彈」。

想知道更多

地球的密度在太陽系的行星當中最大，是密度最小的土星的 8 倍以上。

比較太陽和行星的大小

太陽的半徑（赤道半徑）約70萬公里，地球的半徑約6400公里，所以太陽的半徑比地球大100倍以上。太陽系的行星當中，最大的木星的半徑約7萬公里，只有太陽的10分之1左右，但卻是地球的10倍以上。

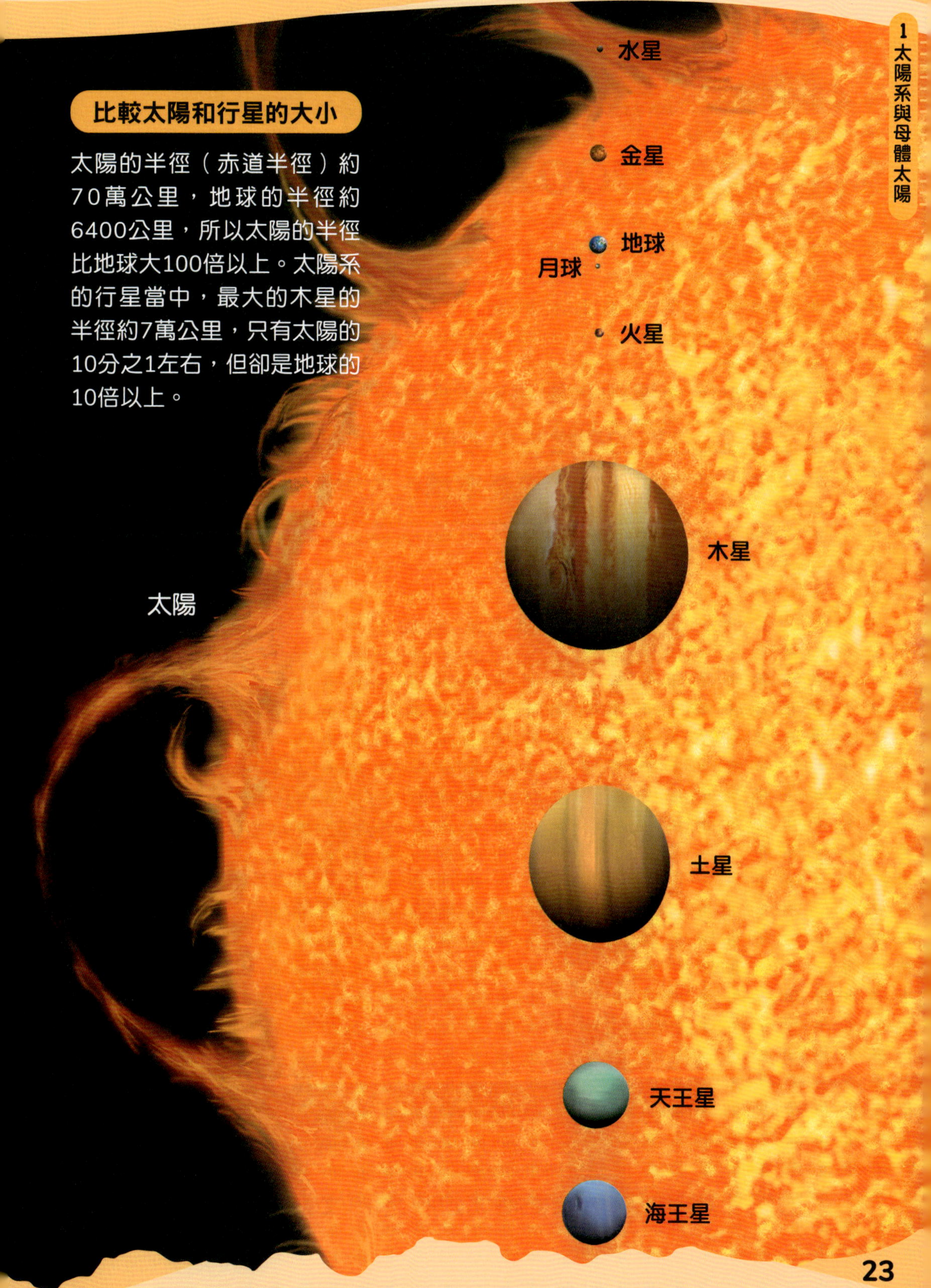

水星

金星

地球　月球

火星

木星

土星

天王星

海王星

太陽

03 即使搭乘高鐵，也要花1700年以上才能抵達海王星

現在，我們來比較看看，各顆行星在距離太陽多遠的地方繞轉吧！

最靠近太陽的水星是5800萬公里。這段路程，即使搭乘時速300公里的高鐵不停地前進，也要花大約22年才能抵達。同樣地，如果搭乘高鐵繼續在太陽系中前進的話，從太陽出發之後，要花大約57年才能抵達地球，大約87年才能抵達火星。

但是，這些地方距離太陽還算是非常「鄰近」。若要抵達最外側的海王星，竟然要花上1712年之久。

筆記

從水星到火星的「類地行星」集中在鄰近太陽的地方。另一方面，巨大的行星則位於外側。這種排列方式和太陽系的形成過程有關（第156頁）。

利用箭頭的長度比較一下大概的距離吧！

想知道更多

太陽到地球的平均距離約為1億5000萬公里，這在天文學中稱為1天文單位（AU）。

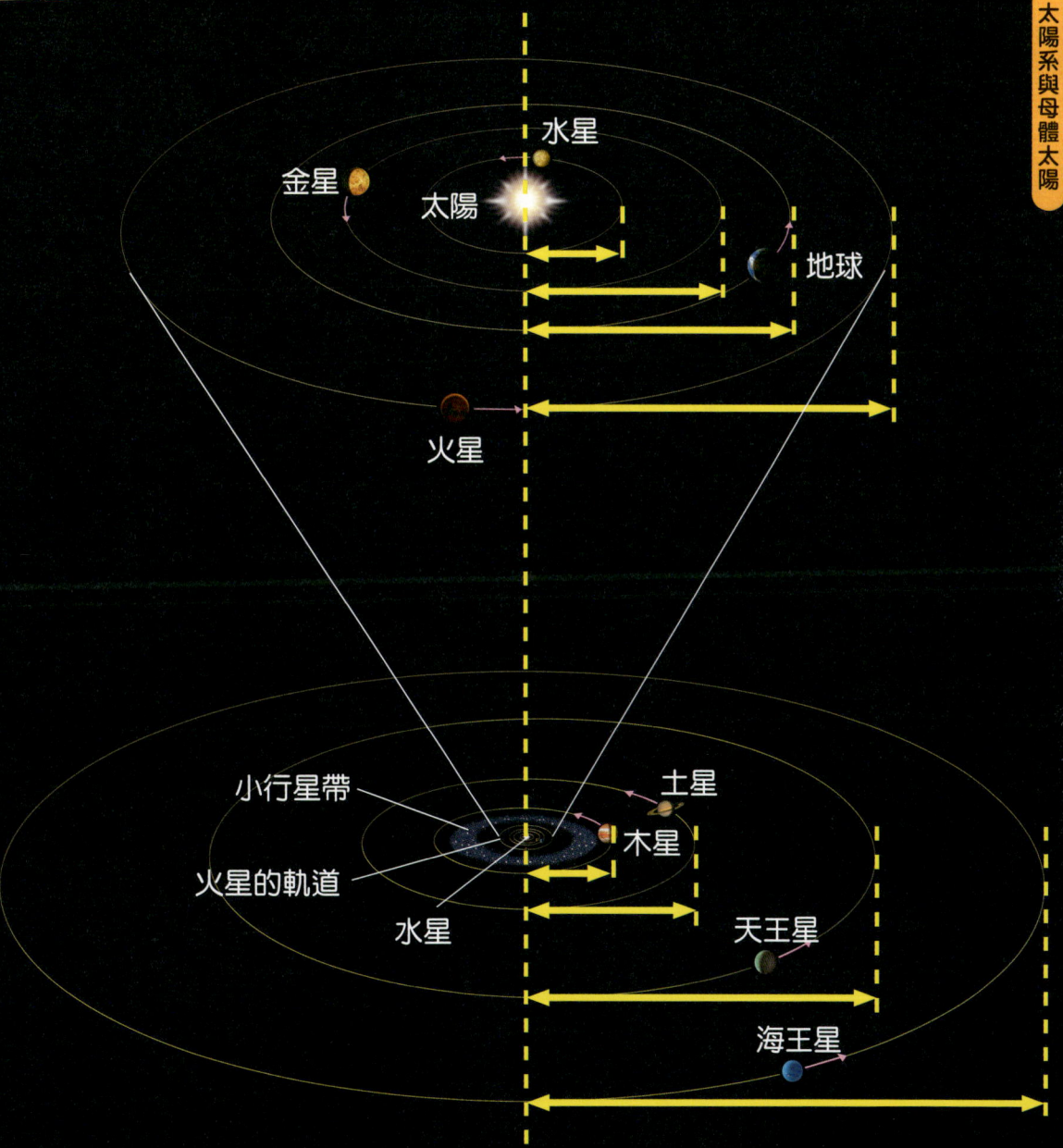

利用「迷你太陽系」了解距離

想像一個把太陽縮小成直徑1公尺大球的「迷你太陽系」吧！在這種情況下，太陽到水星是42公尺，到地球是108公尺，到火星是164公尺，到最遠的海王星竟然長達3.2公里。

04 太陽系中，除了**行星**，還有**衛星**和**小天體**在**繞轉**

　　環繞著太陽公轉的天體，不是只有行星。例如地球的月球，它是一顆環繞行星公轉的天體，稱為「衛星」。除了水星和金星之外，其他行星都擁有衛星。

　　還有和行星一樣呈圓形，但是性質有點不一樣的「矮行星」。此外，還有絕大多數不是圓形的「小天體」。

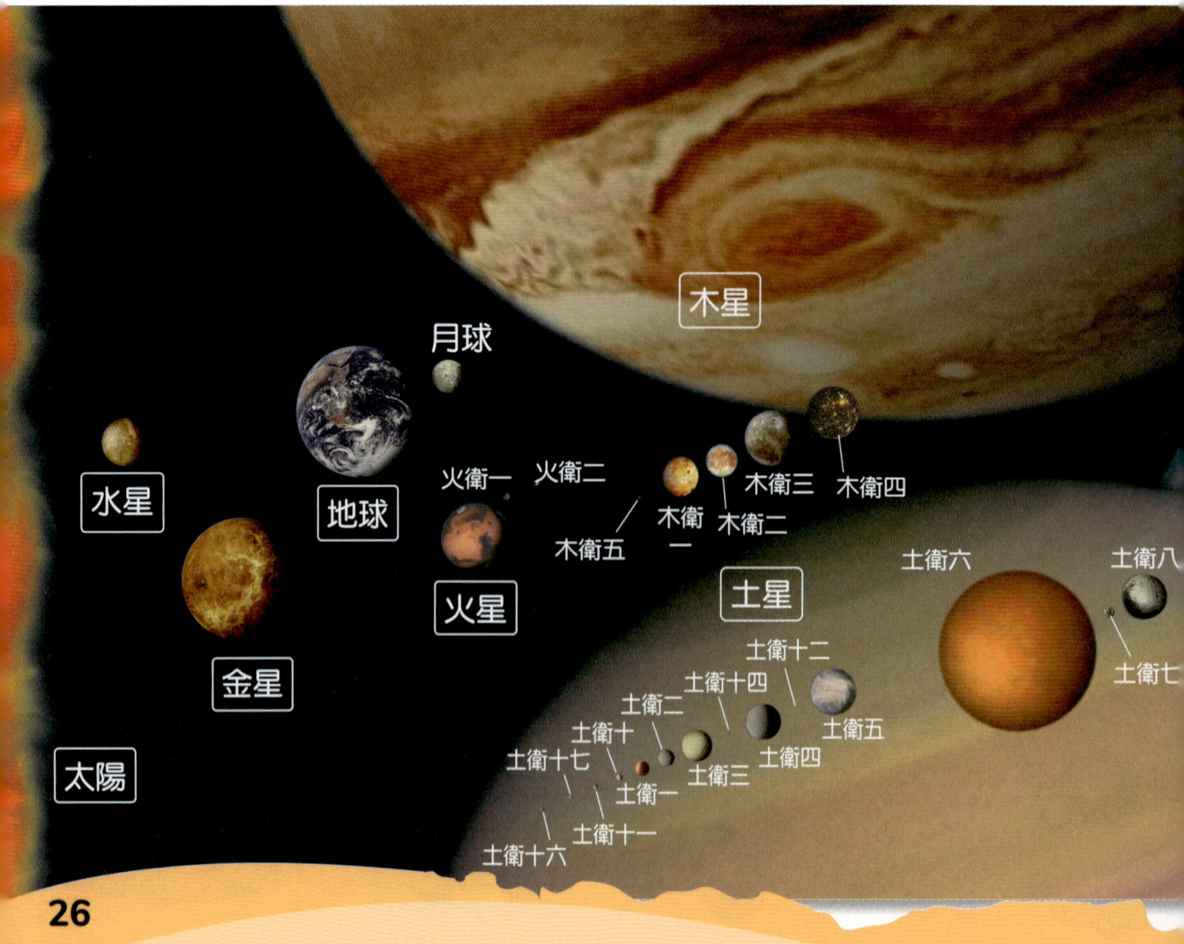

太陽系天體的種類

恆星		本身會發光的天體。在太陽系中，只有太陽。
行星		環繞太陽公轉的天體。本身不會發光，藉著反射恆星的光而發亮。
衛星		環繞行星公轉的天體。
矮行星		像行星一樣呈球形，環繞太陽公轉，不是衛星。在它的公轉軌道上有許多顆大致相同的天體（不像8顆行星一樣獨占軌道）。
小天體（太陽系小天體）	小行星	在火星和木星之間有無數顆，主要由岩石構成的天體。
	海王星外天體	在海王星的外側有無數顆，由冰和岩石構成的天體。
	彗星	從太陽系的邊界飛來，主要由冰構成的天體。

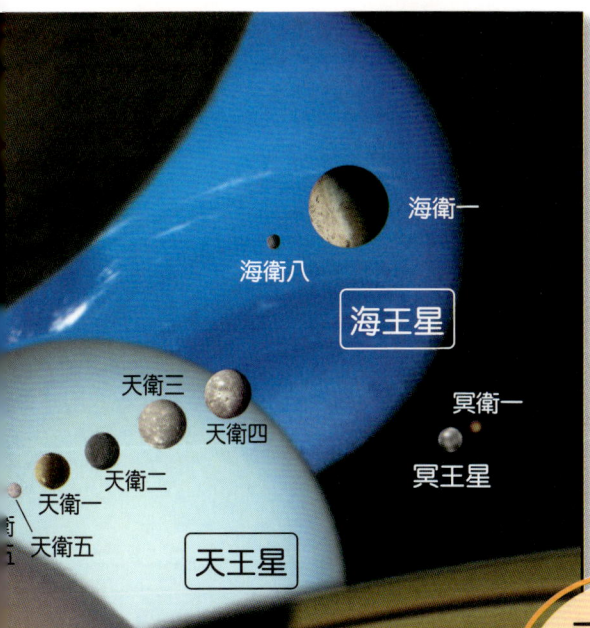

太陽系的代表性天體

插圖中是環繞太陽公轉的8顆行星和具有代表性的衛星。還有以前認為是行星，後來改列為矮行星的冥王星和它的衛星「冥衛一」。

巨行星擁有好多顆衛星吧！

想知道更多

飄浮在宇宙中的恆星及行星等物體統稱為「天體」。

27

05 太陽的重量占太陽系總重量的絕大部分

太陽是太陽系中最大的天體,重量也是太陽系中的第一名。太陽系的總重量之中,太陽占了百分之99.86。

太陽的內部幾乎都是氫和氦的氣體。地球的內部大多是岩石(固體),所以太陽和地球不論在外表及內部都是完全

太陽的數據
赤道半徑　　69萬5700公里
赤道重力　　地球的28倍
體積　　　　地球的130萬3786倍
質量　　　　地球的33萬2943倍
密度　　　　每立方公分1.41公克
自轉週期　　25.38天

依據日本國立天文臺編『理科年表2023』

不同的天體。

太陽和行星的最大差異，就在於本身會不會發光吧！本身會發光的天體稱為「恆星」。太陽會發光，是因為氫和氦的氣體在太陽中心部位被緊密壓縮而結合在一起，結果產生很大的能量，把太陽加熱到非常高的溫度，最後成為光，照射到行星等天體。

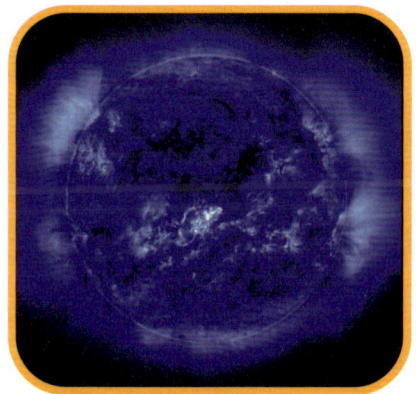

100萬℃的太陽
（觀測衛星「SOHO」拍攝）

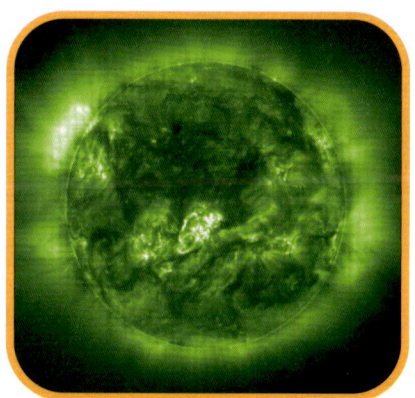

150萬℃的太陽
（觀測衛星「SOHO」拍攝）

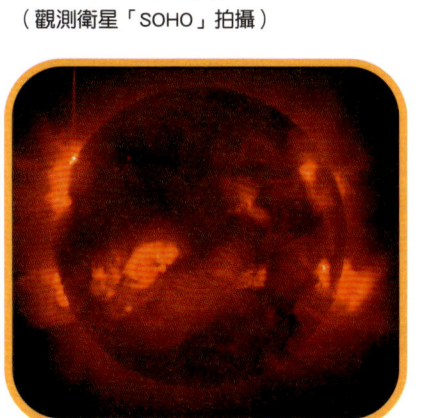

200萬～500萬℃的太陽
（觀測衛星「陽光號」拍攝）

利用各種「光」看到的太陽

上方2張相片是利用肉眼看不到的「極紫外光」（電磁波）拍攝的太陽。左邊是100萬℃的太陽，右邊是150萬℃的太陽。下方的相片是利用稱為「X射線」的電磁波拍攝的200萬～500萬℃的太陽。在第40頁會介紹其他更大的圖像。

想知道更多
光也是電磁波的一種，因為肉眼能夠看到，所以稱為「可見光」。

06 太陽噴出的火焰大小是地球直徑的幾十倍

　　右頁的圖像是從太陽噴出來的巨大火焰，稱為「日珥」。如果把實際大小的地球畫在它的旁邊，它的大小竟然超過地球直徑的30倍。

　　這種火焰是在太陽的大氣層「日冕」（第28頁）中產生。日冕有時候也會發生稱為「太陽閃焰」的大爆炸。

　　從地球上看到的太陽表面稱為「光球」，就像一鍋煮沸的開水一樣不停地滾湧。光球上有稱為「太陽黑子」的黑色「斑點」一會兒出現，一會兒消失（第42頁）。太陽會發生這麼活潑的現象，是因為從太陽的中心不停地運送出能量所造成。

筆記

太陽表面的明亮部分和陰暗部分是因為「對流」所造成。如果有熱的物質往上流動，會造成冷的物質同時往下流動，這麼一來，便形成對流。

想知道更多
日珥的本質是高溫電漿（第32頁）的流動。

1 太陽系與母體太陽

這鍋開水好燙啊！

🌏 地球（直徑約1萬3000公里）

大得嚇人的日珥

本頁的圖像是太陽觀測衛星「SOHO」在1997年7月24日觀測到的「日珥」。它的高度約為42萬公里。右邊小圖是當時的太陽的整體圖像。

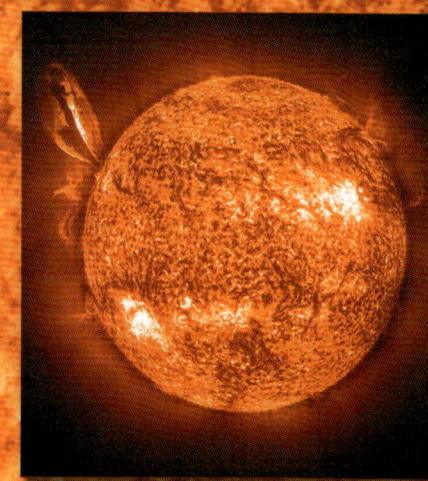

07 在太陽表面，電漿釋放出各式各樣的電磁波

　　在太陽內部產生的能量由「電漿」運送到表面。電漿是原子中的原子核和電子分離而形成的粒子的集團。

　　原子核具有正電荷，電子具有負電荷。一般來說，電子會被原子核吸引捉住而組成原子，但是太陽內部的溫度非常高，所以會分離開來。

　　在太陽內部的「對流層」（第28頁），有高溫的電漿在對流。對流層的外側（上側）有「光球」。電漿在光球這一層放出可見光，所以我們的眼睛能夠看到。

　　光球的外側（上側）有「色球」。電漿上升到這裡時，會放出紫外線和X射線。在色球的上空有「日冕」，電漿在這一層放出X射線和電磁波。我們的眼睛看不到這些層，但如果使用紫外線和X射線的觀測機器，便能夠看到它們。

因為釋放出可見光，所以能看到表面的光球哦！

想知道更多
太陽黑子有強大的磁場，會阻礙電漿的對流，所以溫度降低。

日冕
主要放出X射線和電磁波的大氣層。溫度超過100萬℃。

日珥
從色球噴出來，在日冕裡面形成的巨大電漿環。

暗條
從正上方看到的日珥。

太陽黑子
出現在光球上的黑色斑點。溫度約4000℃。具有強大的磁場（磁鐵產生的力的空間）。

針狀體
在色球看到的電漿柱。

太陽閃焰
在太陽的活躍區域突然發生的爆炸。

色球
放射出紫外線和X射線的電漿層。厚度約2000公里。溫度約6000～1萬℃。

光球
放出可見光的電漿層。厚度約400公里。溫度約6000℃。

光斑
太陽黑子周圍的白色明亮區域。

對流層
對流的電漿層。厚度約20萬公里。

筆記

所有的物質都是由非常小的「原子」構成的。原子由中心的「原子核」和在它周圍繞轉的「電子」組成。原子核是由帶正電荷的「質子」和不帶電荷的「中子」組成，而電子帶有負電荷。正電荷和負電荷互相吸引，所以電子會被原子核捉住而組成原子。

太陽表面的構造

太陽表面大致可分為「光球」、「色球」、「日冕」。高溫的電漿從內層流到外層，因為在各層的溫度不同，所以放出的電磁波也不同。

08 太陽的能量來自核融合反應

　　太陽的內部含有大量氣體,所以產生非常強大的重力。由於這個重力,使得太陽的「核心」成為1500萬℃、2400億大氣壓的超高溫、超高壓的狀態。在這樣的狀態下,氫原子無法維持原子的結構,而成為原子核

日珥

光球

太陽黑子

> 氣體很輕,但如果數量很多,也會很重哦!

筆記
重力是具有質量的物體互相吸引的力。太陽是由大量氣體集結而成,重達 1.99 × 1027 公噸,所以擁有強大的重力。

日冕環
出現在日冕的環狀構造。沿著磁力線(以線條表示磁鐵產生的力)流動的電漿流。

日珥

想知道更多
輻射層的光受到周圍電漿的阻礙,所以要花幾百萬年才能傳送到表面。

和電子分離開來的電漿（第32頁）。

由於超高壓的關係，使得氫原子的原子核一再地互相猛烈碰撞，於是結合在一起，轉變成氦原子。這個過程稱為「核融合反應」，會產生龐大的能量。這就是太陽能量產生的運作原理。

太陽內部的構造

在「核心」發生核融合反應，產生太陽的能量，轉變成熱和光，通過「輻射層」朝外側傳送。輻射層的外側有「對流層」。由於外側的溫度比內側低，所以在這裡發生對流。能量隨著這個流動傳送到表面的「光球」，以光等電磁波的形式散發到宇宙中。

日冕

核心
太陽的中心區。半徑約15萬公里。氫原子發生「核融合反應」產生龐大的太陽能量的區域。

對流層
有電漿對流運動的層。厚度約20萬公里。產生強大的磁場（磁鐵產生的力的空間），引發太陽表面的各種現象。

輻射層
把核心產生的熱和光傳送到外側的層。厚度約35萬公里。電漿的密度非常高，使得光無法直線行進。

09 太陽吹出的「風」能夠飛到海王星的位置

　　太陽從內部到大氣層的日冕都充滿了電漿。日冕的溫度比表面溫度高，所以氫等氣體維持著電漿的狀態。

　　日冕的電漿由於太陽的強大重力及磁場的作用，被吸附在太陽表面。但是，越往上空，吸附的力越弱，使得一部分電漿能夠噴出到宇宙空間，稱為「太陽風」。根據科學家的調查，太陽風能夠飛到海王星的位置。

噴出到宇宙空間的電漿

插圖是從日冕噴出電漿到宇宙空間的場景。依據太陽觀測衛星「SOHO」拍攝的實際圖像繪製。

1 太陽系與母體太陽

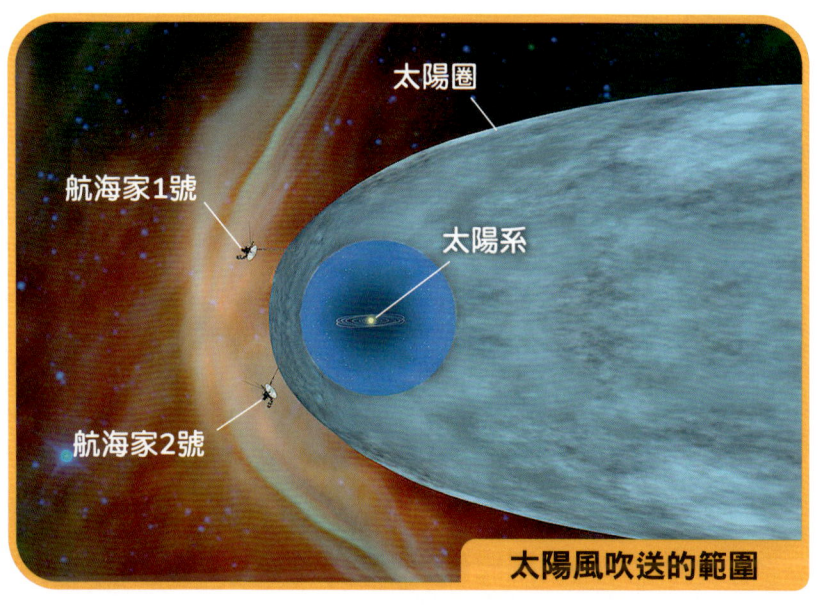

太陽圈
航海家1號
太陽系
航海家2號

太陽風吹送的範圍

太陽風能夠抵達的範圍稱為「太陽圈」。太陽圈可能擴展到比海王星的公轉軌道更遠的地方。順便說一下，1977年發射的探測器航海家1號和2號分別在2012年和2018年脫離了太陽圈。

太陽風有時也會對人造衛星造成影響哦！

筆記

太陽風是主要由質子（氫原子的原子核）和電子組成的電漿流。吹到地球時，秒速超過 400 公里。

想知道更多

日冕的溫度比太陽表面的溫度更高的原因，到現在仍然是一個謎。

10 太陽的能量只有22億分之1抵達地球

太陽內部的核融合反應產生的能量，轉變成光之類的電磁波，朝宇宙的各個方向傳送出去。

距離太陽1億5000萬公里的地球，只接收到太陽能量的

抵達地球的太陽能量

假想有一片朝向太陽且剛好遮住地球的圓盤，照射到這個圓盤上的陽光會轉變成抵達地球的太陽能量。其中每1平方公尺的能量稱為「太陽常數」。這個能量可以點亮14個100瓦（W）的電燈泡。

太陽和地球之間的距離相當於107顆太陽相連的總長度

太陽

想知道更多

抵達地球的太陽能量有 30% 被雲及雪等反射而沒有被吸收。

22億分之1。原因之一，是地球的直徑比起太陽小得太多，所以能夠接收到陽光的面積非常小。

即使是這樣，地球上能夠誕生生命，也是因為有太陽能量的關係。此外，支撐文明發展的石油和煤炭等化石燃料（古生物殘骸在岩層中形成的各種碳化合物、碳氫化合物等），追本溯源，也是太陽的能量帶來給我們的。

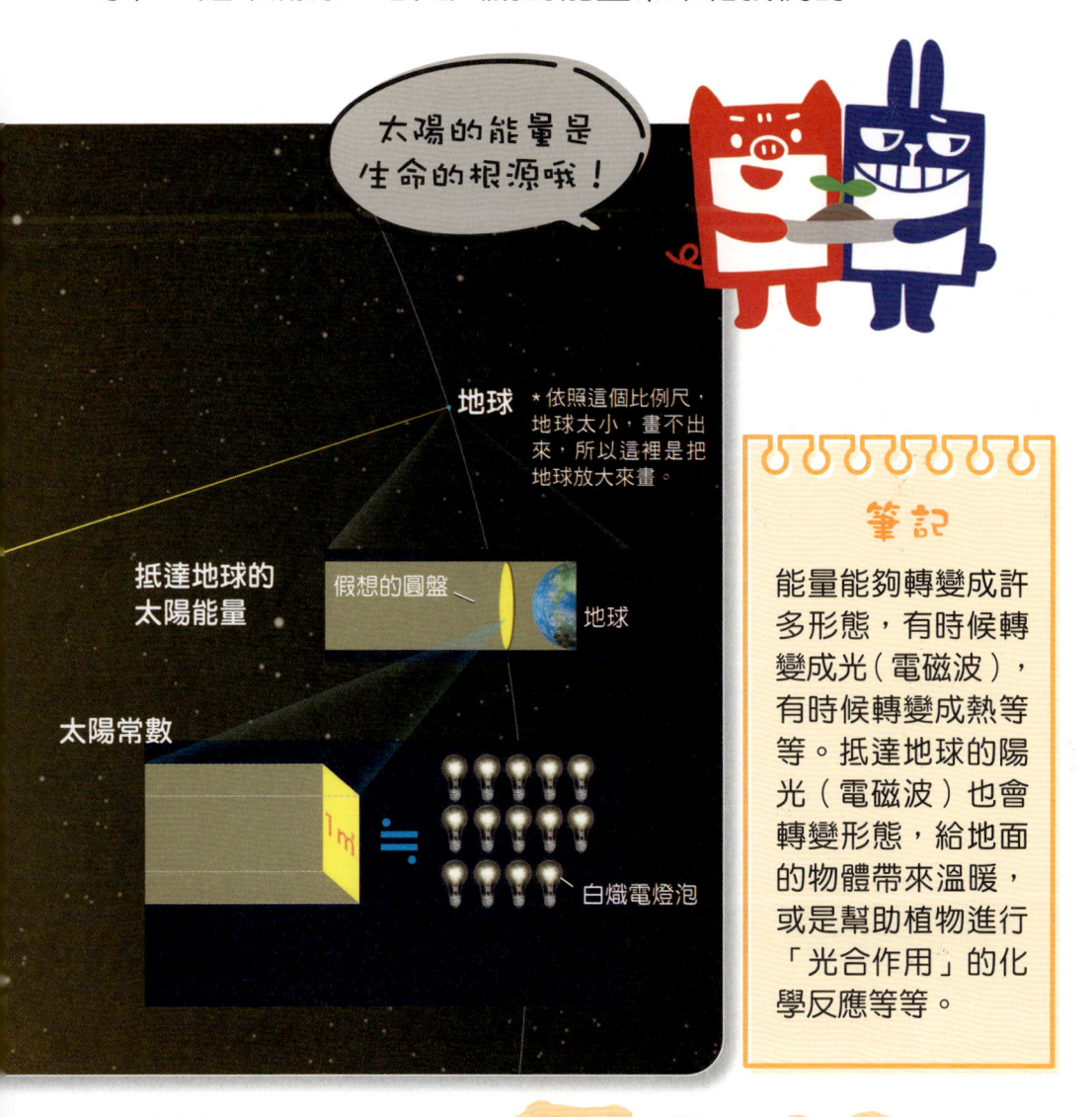

> 太陽的能量是生命的根源哦！

地球
*依照這個比例尺，地球太小，畫不出來，所以這裡是把地球放大來畫。

抵達地球的太陽能量

假想的圓盤　地球

太陽常數

1㎡

白熾電燈泡

筆記

能量能夠轉變成許多形態，有時候轉變成光（電磁波），有時候轉變成熱等等。抵達地球的陽光（電磁波）也會轉變形態，給地面的物體帶來溫暖，或是幫助植物進行「光合作用」的化學反應等等。

1 太陽系與母體太陽

11 影像藝廊
觀測衛星拍攝的太陽

太陽不只發出肉眼看得到的可見光，也發出肉眼看不到的紫外線及X射線等等。

讓我們一起來仔細觀察，太陽的觀測衛星拍攝的「肉眼看不到的太陽」吧！

想知道更多
日冕洞是指日冕中溫度較低且電漿量較少的地方。

利用紫外線看到的太陽

左邊圖像是NASA的太陽觀測衛星「SDO（太陽動力學天文臺）」利用極紫外線拍攝的太陽樣貌（2015年9月13日拍攝）。可以看到飄浮在日冕中的電漿、日冕環等等。左邊的大片陰影是月球。

利用不同的電磁波看到的樣貌很不一樣哦！

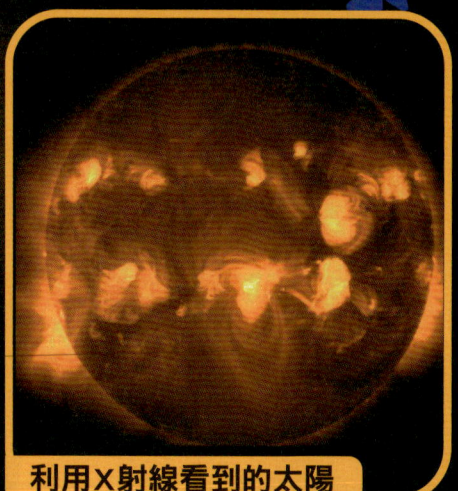

利用X射線看到的太陽

日本的科學衛星「日出號」利用X射線拍攝的太陽樣貌。明亮發光的地方是太陽黑子的上空，有許多高溫的電漿。陰暗的地方稱為「日冕洞」，可能是高速的太陽風吹出來的地方。

1 太陽系與母體太陽

下課時間

黑子的數量減少,太陽就會變暗?

在太陽的光球上,有時候會出現稱為「太陽黑子」的黑色「斑點」。如果太陽黑子增加,太陽應該會變暗吧?但我們已經知道,相反地,如果太陽黑子增加,太陽會稍微變亮。

事實上,當太陽變得活潑時,會出現太陽黑子,同時太陽黑子的周圍也會形成稱為「光斑」的明亮區域。光斑的亮度大過於太陽黑子使太陽變暗的程度,所以太陽會變得更亮。

太陽黑子的規模依照11年的週期在改變哦!

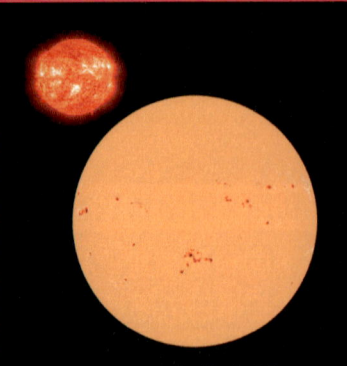

2000年的太陽　　　2009年的太陽

2000年和2009年的太陽樣貌(左上方為紫外線的圖像)。太陽黑子增加則太陽變得活潑。

第 2 節課

我們的地球和月球

太陽系裡面，只有地球已經確認有生命存在。地球是如何形成的呢？讓我們來迅速地了解一下吧！同時也要探討一下，地球和它的衛星「月球」的關係。

恐龍也曾經生活在地球上哦！

01 在太陽系中，只有地球確認有生命存在

　　地球是太陽系中唯一確認有生命存在的天體。地球上有生命的原因之一，是因為它有液態水。地表的平均氣溫為15℃，中心有個主要由鐵構成的「地核」，地核周圍被高溫岩石構成的「地函」包覆著，更外側被薄岩石層「地殼」覆蓋著。這是地球也被稱為「岩質行星」的原因。

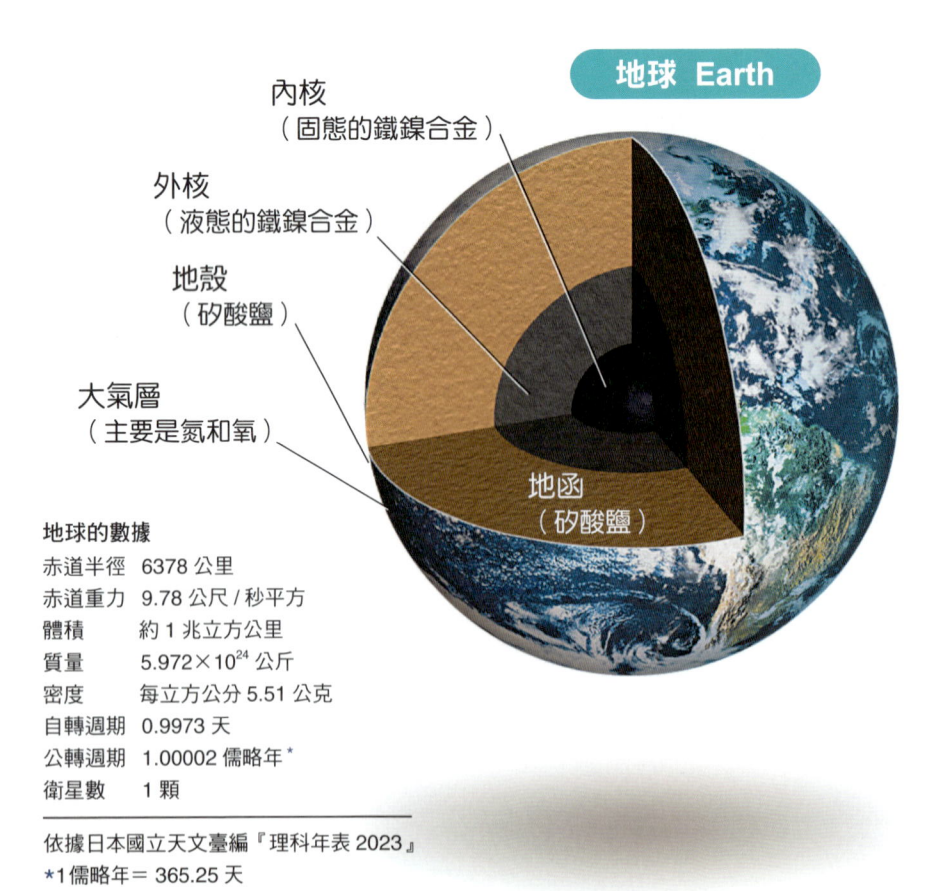

地球 Earth

內核（固態的鐵鎳合金）
外核（液態的鐵鎳合金）
地殼（矽酸鹽）
大氣層（主要是氮和氧）
地函（矽酸鹽）

地球的數據
赤道半徑　6378 公里
赤道重力　9.78 公尺/秒平方
體積　　　約 1 兆立方公里
質量　　　5.972×10^{24} 公斤
密度　　　每立方公分 5.51 公克
自轉週期　0.9973 天
公轉週期　1.00002 儒略年*
衛星數　　1 顆

依據日本國立天文臺編『理科年表 2023』
*1 儒略年＝ 365.25 天

保護生命的地球「磁場」

從太陽吹來的「太陽風」（第36頁）是高速的電漿流，所以會對生命造成危險。但是，地球上產生的「磁場」保護著我們不受電漿的危害，因為帶電粒子無法輕易地穿入磁場裡面。

來自太陽的粒子

太陽

產生地球磁場的磁力線的方向

海洋、大氣

地核

地函

月球

磁場是守護生命的無名英雄吧！

筆記

地球的磁場是由地球「內核」中的熔融金屬所造成。這些金屬在移動時會產生電流，於是製造出磁場。地球就像一根巨大的磁鐵棒。

想知道更多

太陽系的類地行星之中，最重的是地球。

45

02 二氧化碳在陸地和海洋循環，維持氣候穩定

地球表面有百分之71是液態水體（海洋、湖泊、河流等），剩下的百分之29是陸地。像這樣擁有海洋和陸地的環境，為地球維持著穩定的氣候。

二氧化碳在地球上循環的規律

二氧化碳（CO_2）從大氣層隨著雨水落到陸地，從陸地流到海洋，從海洋沉到海底，再經由火山重新回到大氣中。藉由這個循環，除去大氣中的二氧化碳，使溫室效應不會過度發生。氣溫越高，這種規律的運作越旺盛，所以二氧化碳能夠維持適當的分量。

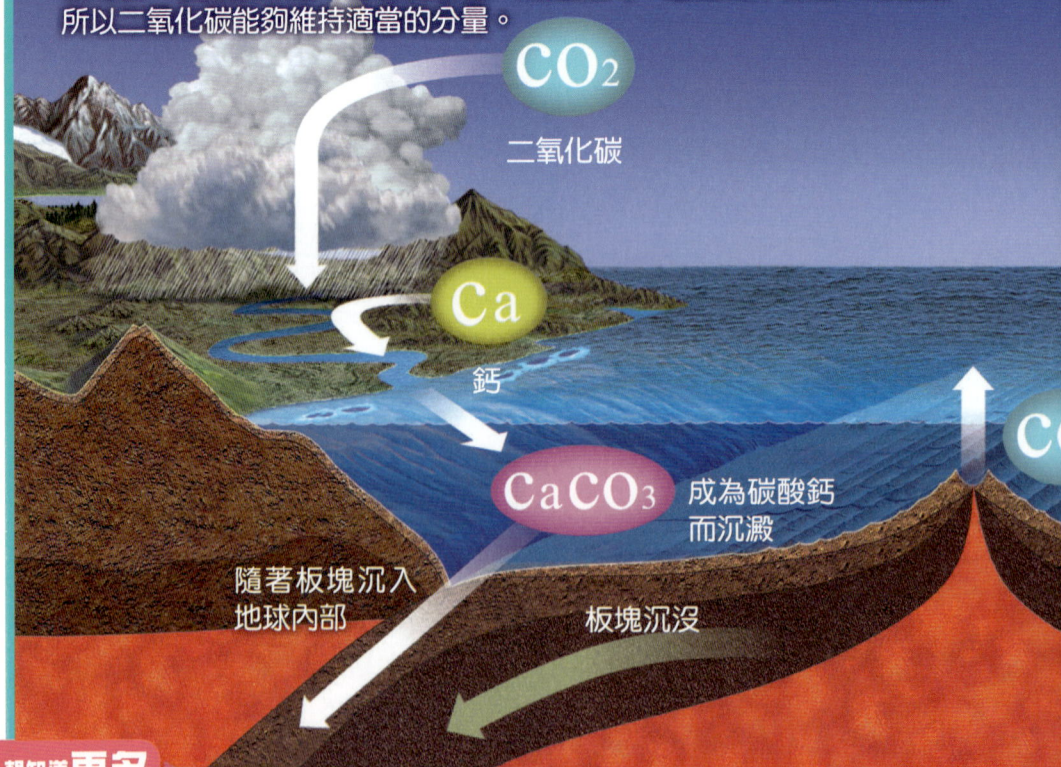

CO_2 二氧化碳

Ca 鈣

$CaCO_3$ 成為碳酸鈣而沉澱

隨著板塊沉入地球內部

板塊沉沒

想知道更多
水星和金星沒有液態水，是因為太靠近太陽，水被蒸發掉了。

地球的熱不斷地朝宇宙散失。大氣中的二氧化碳會把這些熱保留起來（溫室效應）。如果二氧化碳增加，地球會變熱，但若完全沒有二氧化碳，地球會變成冰天雪地。

有了陸地和海洋，使得二氧化碳在大氣和海洋及陸地之間形成一種不斷流動的循環。而且，也使二氧化碳維持適當的分量。

火山能幫助地球加熱哦！

CO_2

一部分轉變成氣體，藉由火山活動進入大氣層。

$CaCO_3$

CO_2

沉沒

筆記

板塊是位於地殼與地函間較淺部分的堅硬岩盤。板塊的一部分會往下沉沒。二氧化碳便隨著板塊沉沒到地底下。

03 地球的樣貌隨著成長而有很大的變化

　　孕育生命的地球是如何形成的呢？讓我們趕快一起來看看吧！

　　地球大約誕生於46億年前，當時的地表到處都有「岩漿海」。今天的海洋可能是在大約38億年前才形成。最初的生命「原核生物」可能

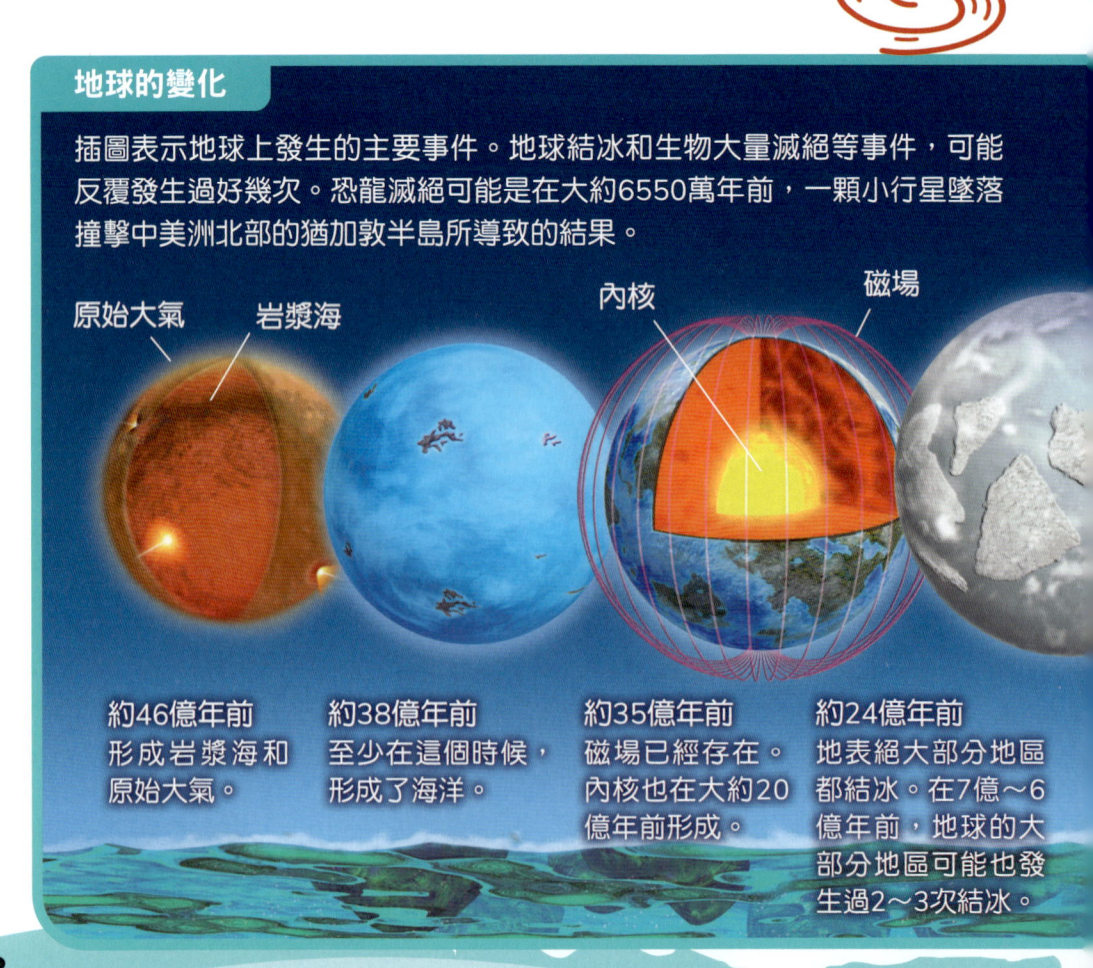

地球的變化

插圖表示地球上發生的主要事件。地球結冰和生物大量滅絕等事件，可能反覆發生過好幾次。恐龍滅絕可能是在大約6550萬年前，一顆小行星墜落撞擊中美洲北部的猶加敦半島所導致的結果。

原始大氣　岩漿海　　　　　　　　內核　　磁場

約46億年前
形成岩漿海和原始大氣。

約38億年前
至少在這個時候，形成了海洋。

約35億年前
磁場已經存在。內核也在大約20億年前形成。

約24億年前
地表絕大部分地區都結冰。在7億～6億年前，地球的大部分地區可能也發生過2～3次結冰。

也是在這個時期誕生。

　　後來，出現了利用太陽的能量進行光合作用的生物，開始在地球上製造氧氣。另一方面，也發生了二氧化碳減少的事件。由於溫室效應不足，地球在大約24億年前成為冰凍的星球。

　　後來，冰融化，地面出現了各式各樣的生物。在大約19億年前，生物活躍的大陸逐漸形成。另一方面，也發生過好幾次生物大量滅絕的事件。恐龍便是滅絕的生物之一。

約19億年前
出現了古時候的大陸（超大陸），上空也形成了臭氧層。

約2億5000萬年前
發生了地球史上最大的生物大滅絕。已知在這段時期，發生了海底的氧濃度顯著下降的大事件。

約6550萬年前
巨大的小行星撞上地球，造成恐龍滅絕。

想知道更多
地球的氧氣爆發性地增加，是在藍綠藻開始進行光合作用的27億～24億年前。

04 太陽光和地球的自轉使地表保持溫暖

在地表上，陽光照射量比較多的赤道附近，和陽光照射量比較少的極區（北極和南極附近）之間，形成很大的溫度差。溫度差使大氣中產生對流（第30頁），所以赤道和極區之間會發生熱的移動。

具體來說，再加上地球自轉的效果，產生了朝東西方向和南北方向移動的風，把熱運送到整個地球。地表保持溫暖的原因之一，就在於大氣中的這種對流規律。

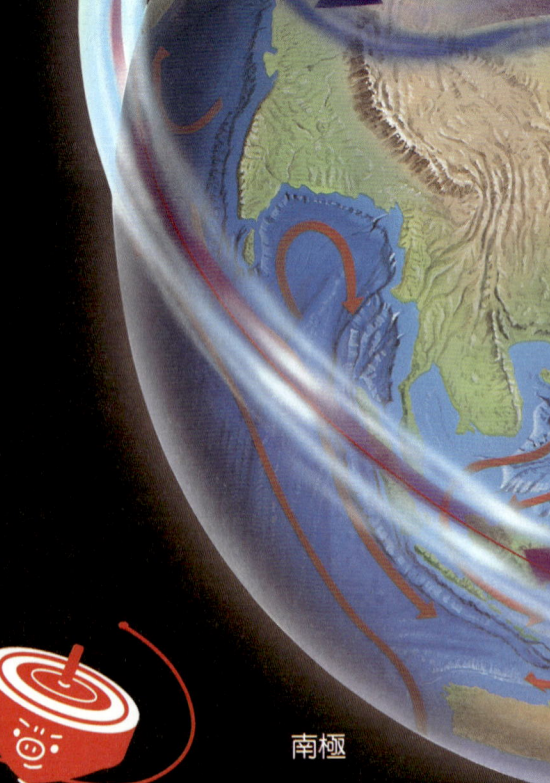

南極

想知道更多
科氏力越靠近極區越強，所以西風的風勢也變得越強。

2 我們的地球和月球

繞行整個地球的風

被太陽加熱的赤道附近的大氣，一邊上升一邊往南北方向移動。這種大氣的流動（氣流）受到「科氏力」（地球由西向東自轉，導致地面上移動的空氣與地表產生相對位移的偏向力）的作用，轉朝西方移動，成為「西風」。另一方面，上升的氣流有一部分因冷卻而下降，在赤道附近朝東方移動，成為「信風」（從亞熱帶高壓帶吹向赤道低壓帶的風，年年穩定出現，很守信用，因此稱為信風）。西風也會朝南北方向移動，所以也有把赤道附近的熱運送到極區的作用。

北極
西風
信風
赤道

> 這就是把太陽的熱擴散到整個地表的運作規律啊！

筆記

天體像陀螺一樣自己旋轉的運動稱為「自轉」。在自轉的天體表面移動的物體，會受到一種虛擬的力（科氏力）的作用。在北半球，這個力會使物體的行進方向往右偏移，在南半球則往左偏移。

05 大規模的洋流也和溫暖的氣候有關

海水的流動（洋流）也給地球的氣候帶來很大的影響。深度數百公尺以內的洋流，是被在海面吹颳的風帶動而

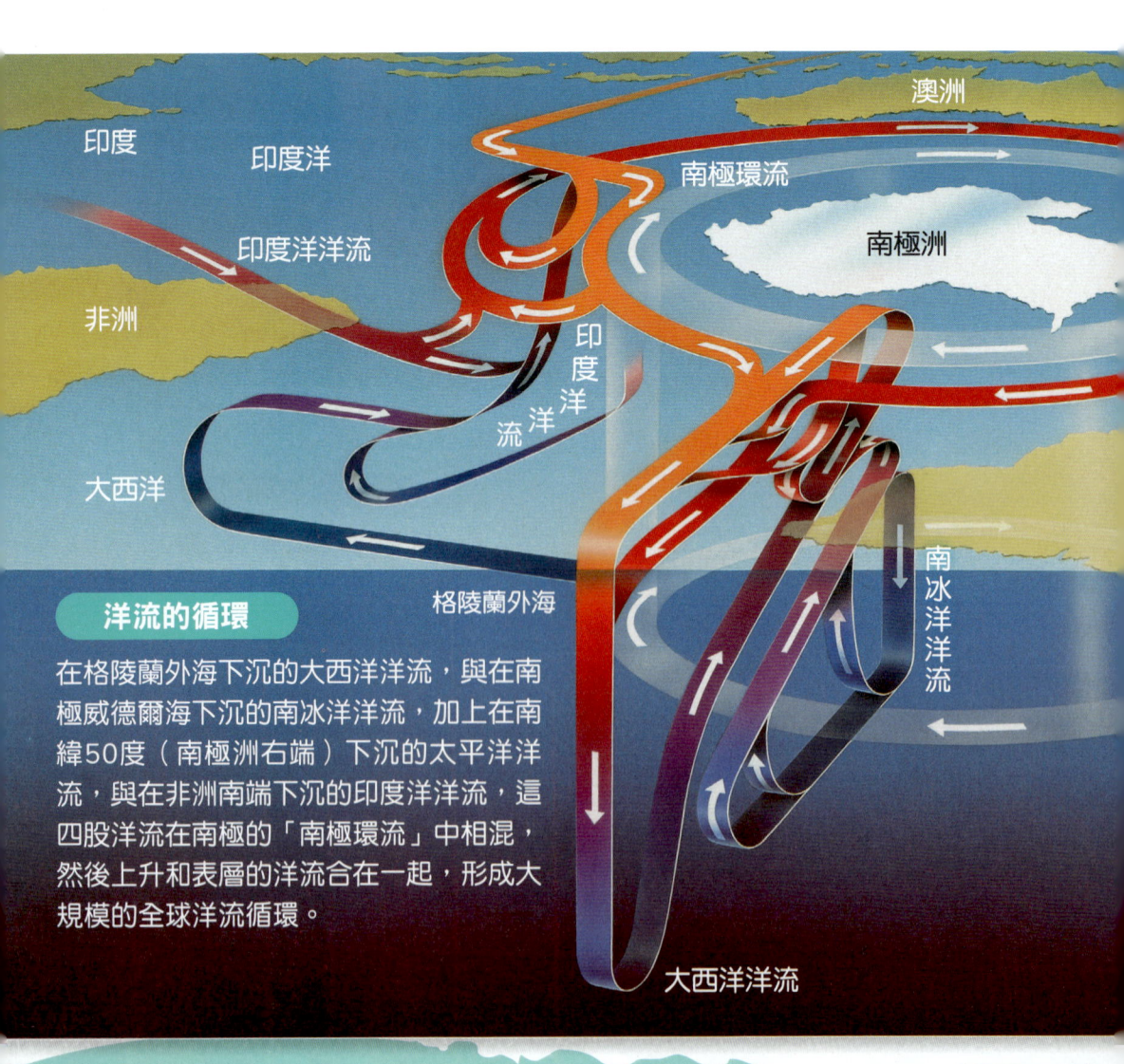

印度
印度洋
澳洲
南極環流
印度洋洋流
非洲
南極洲
印度洋洋流
大西洋
南冰洋洋流
格陵蘭外海
大西洋洋流

洋流的循環

在格陵蘭外海下沉的大西洋洋流，與在南極威德爾海下沉的南冰洋洋流，加上在南緯50度（南極洲右端）下沉的太平洋洋流，與在非洲南端下沉的印度洋洋流，這四股洋流在南極的「南極環流」中相混，然後上升和表層的洋流合在一起，形成大規模的全球洋流循環。

產生。另一方面,在海洋深處形成的洋流,則是和海水的鹽分濃度及溫度有關。例如,極區海洋的鹽分濃度較高、溫度較低,所以會沉入深海,成為在深海流動的洋流。

這兩種洋流在地球的廣大範圍流動,整體來看,形成了一個把赤道附近的熱運送到極區的循環。這個循環也使得整個地球的氣候溫暖了起來。

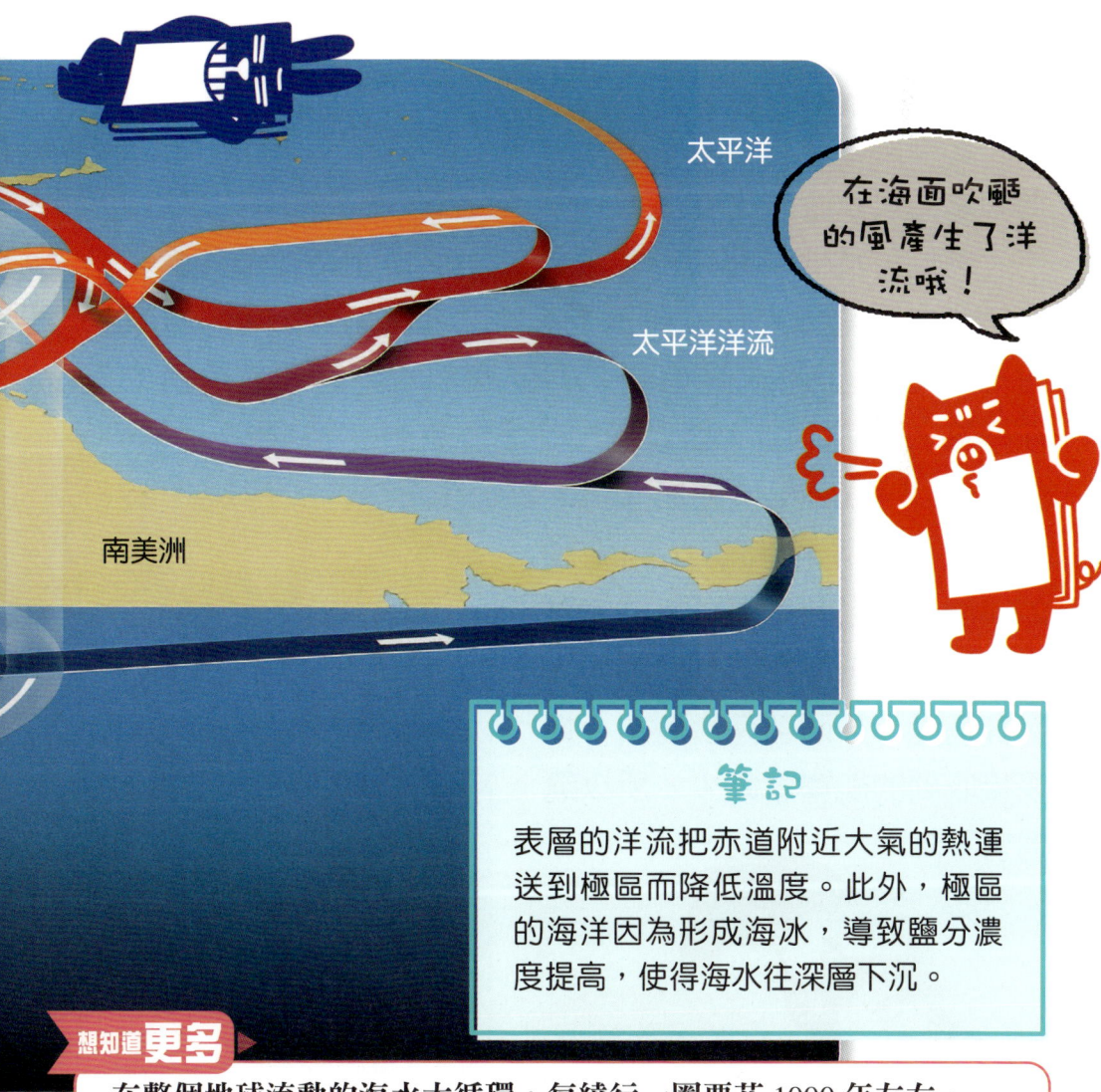

太平洋

太平洋洋流

南美洲

在海面吹颳的風產生了洋流哦!

筆記

表層的洋流把赤道附近大氣的熱運送到極區而降低溫度。此外,極區的海洋因為形成海冰,導致鹽分濃度提高,使得海水往深層下沉。

想知道更多

在整個地球流動的海水大循環,每繞行一圈要花 1000 年左右。

06 地球有四季是因為自轉軸稍微傾斜

　　地球一邊像陀螺一樣地自轉，一邊繞著太陽公轉。如果把它的公轉軌道（第20頁）看成一個圓盤，則自轉軸相對於圓盤面傾斜約23.4度。事實上，正是這個傾斜在地球上創造了四季。

　　在不同的季節，地球表面接收到的太陽能量不一樣，使得四季的氣候產生了變化。

　　例如位於北回歸線（約北緯23.4度）上的臺灣，夏季時正午的太陽會出現在頭頂正上方也就是仰角約90度（6月20日～22日夏至時太陽直射北回歸線）；春分與秋分時太陽往南移，直射赤道，所以正午時太陽斜射北回歸線，仰角約90－23.4=66.6度；而冬季時太陽更往南移，12月21～22日冬至時直射南回歸線（約南緯23.4度），這時臺灣正午的太陽仰角約66.6－23.4=43.2度。太陽仰角越小，照射角度越斜，地表接收到的能量就越少，所以氣溫會下降。

正上方的太陽好熱啊！

筆記

緯度是指地球上某個地點至地心的直線與赤道面（與自轉軸垂直的面）之間的夾角。赤道為 0 度，極地（南極和北極）為 90 度。北半球為北緯，南半球為南緯。

2 我們的地球和月球

傾斜著繞太陽公轉的地球

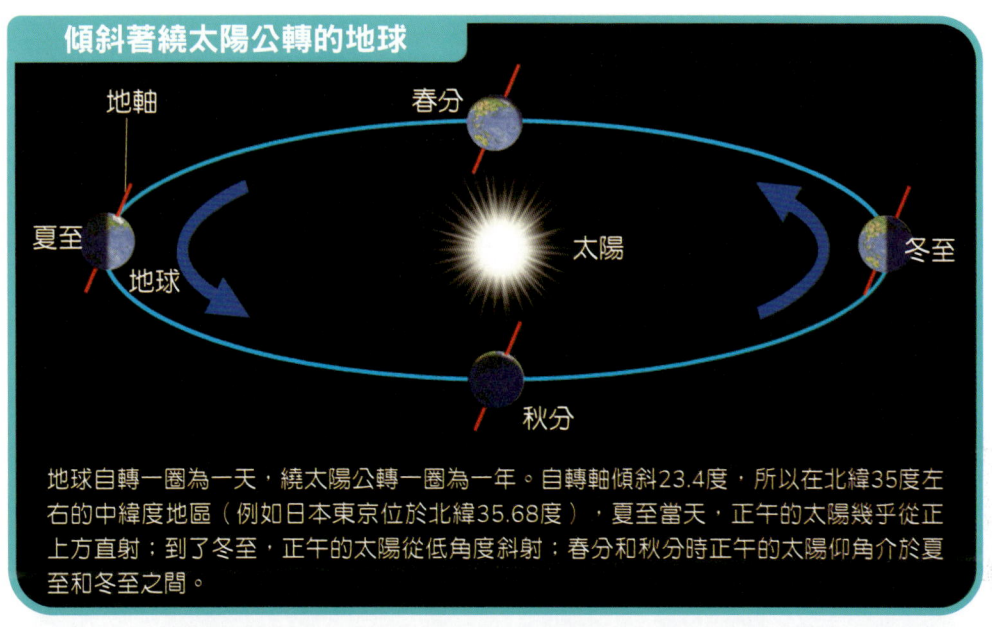

地軸　春分　地球　夏至　太陽　冬至　秋分

地球自轉一圈為一天，繞太陽公轉一圈為一年。自轉軸傾斜23.4度，所以在北緯35度左右的中緯度地區（例如日本東京位於北緯35.68度），夏至當天，正午的太陽幾乎從正上方直射；到了冬至，正午的太陽從低角度斜射；春分和秋分時正午的太陽仰角介於夏至和冬至之間。

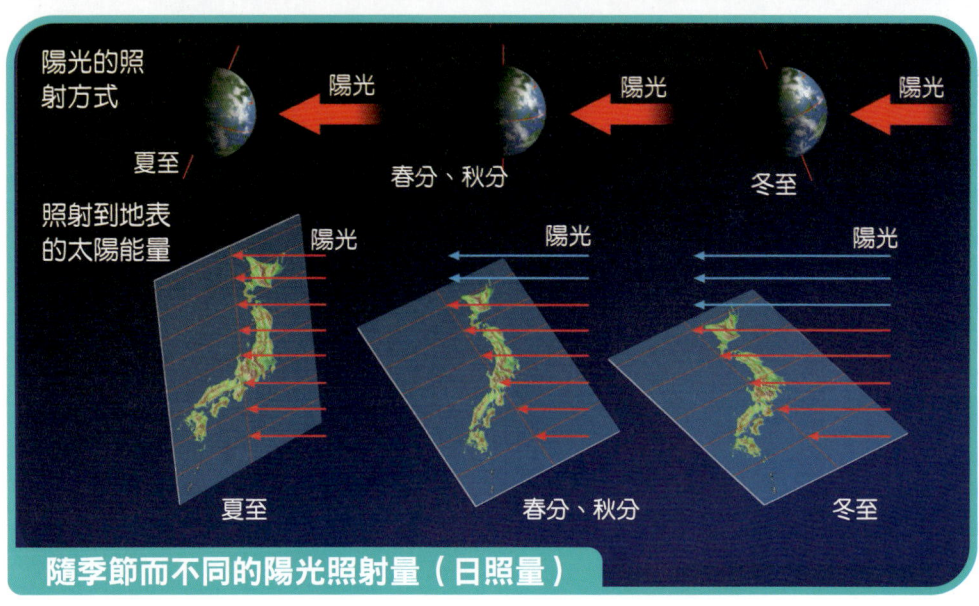

隨季節而不同的陽光照射量（日照量）

陽光的照射方式：夏至、春分、秋分、冬至
照射到地表的太陽能量：夏至、春分、秋分、冬至

利用以相同間隔排列的箭頭，顯示地表接收到的陽光量（太陽能量）。如果以夏至為基準，那麼在春分、秋分、冬至，陽光照射的角度比夏至傾斜，也就是箭頭的數量減少，所以地表比較不容易被加熱。

> **想知道更多**
> 陽光把大氣加熱大約需要1個月，所以夏至並不是最熱的時期。

55

下課時間

地球自轉軸的方向會移動？

夜空的星星一直隨著時間在移動，這是因為地球在自轉的關係。真正在移動的，其實是地球上的我們。

至於自轉軸的方向（北半球是北極的正上方）看起來幾乎不會移動。北極的正上方稱為「天球北極」，在天球北極始終可以看到「北極星」。因此，它也成了夜空的指標。

事實上，現在我們已經知道，天球北極也在緩緩地移動著。5000年前的天球北極有一顆右樞星（天龍座α星）。

把天球北極的移動用線條連接起來，發現它形成一個繞著「天龍座」打轉的大圓。天球北極要花2萬6000年才能繞完一圈。

> 我看起來也沒有在動呀！

天球北極移動的路線

- 天鵝座
- 仙王座
- 天琴座
- 現在的北極星
- 織女星
- 天龍座
- 小熊座
- 右樞星

旋轉軸本身在旋轉

陀螺的旋轉軸

天球
（把天體投影在一個以地球為中心的假想球面）

天球北極移動的路線

自轉軸花很長的時間旋轉

地球

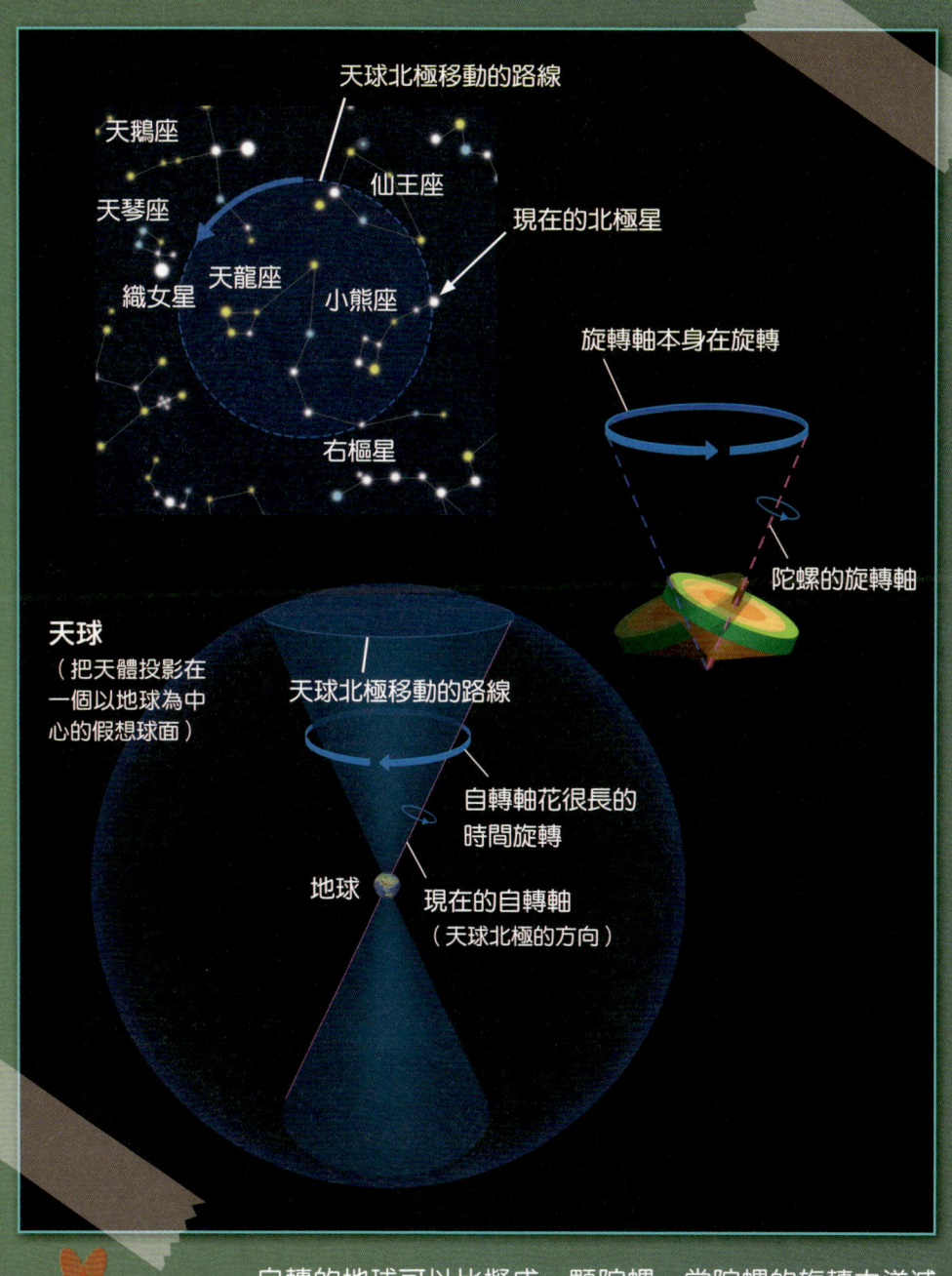

現在的自轉軸
（天球北極的方向）

自轉的地球可以比擬成一顆陀螺。當陀螺的旋轉力道減弱時，自轉軸本身會一邊畫著大圓一邊旋轉。這種運動稱為「歲差運動」。地球的自轉軸也在做歲差運動，但是非常緩慢，要花上2萬6000年才會旋轉一圈，所以在我們看起來好像是靜止不動。

07 月球是地球唯一的衛星

月球是唯一環繞地球公轉的衛星。大小為地球的4分之1左右，重量（質量）約為地球的80分之1。內部可能和地球非常相似。

月球總是以同一面朝向地球在繞轉。這是因為，月球繞地球公轉一圈時，剛好本身也自轉一圈。也就是說，月球的公轉週期和自轉週期相同，都是大約27天。

月球 Moon

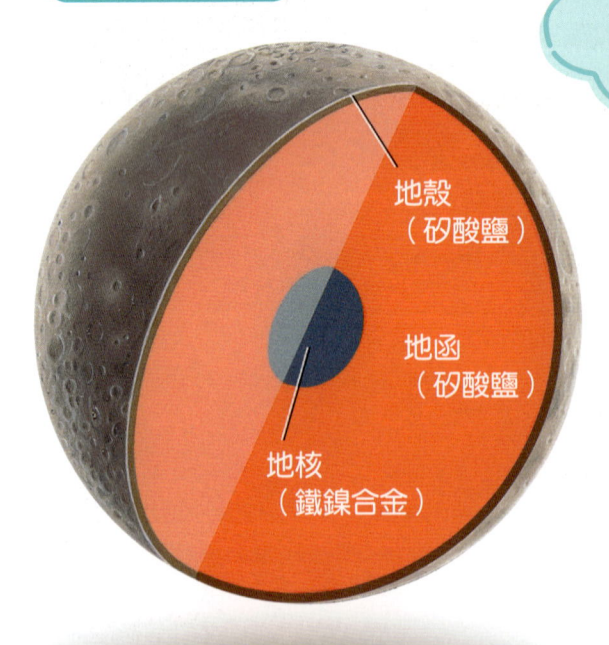

地殼（矽酸鹽）

地函（矽酸鹽）

地核（鐵鎳合金）

背面的地殼比正面的地殼還厚呦！

月球的數據

赤道半徑	1738.1 公里
赤道重力	地球的 0.165 倍
體積	地球的 0.0203 倍
質量	地球的 0.0123 倍
密度	每立方公分 3.344 公克
自轉週期	27.3217 天
公轉週期	27.321662 天（恆星月）

依據日本國立天文臺編『理科年表 2023』

月球的正面和背面的樣貌不一樣

月球的正面和從地球上看不到的背面，在樣貌上有很大的不同。兩個面的明亮區域都分布著無數個稱為「隕石坑」的凹陷地形。另一方面，在比較陰暗的區域，隕石坑被過去曾經流動的熔岩流填埋了。

月球正面 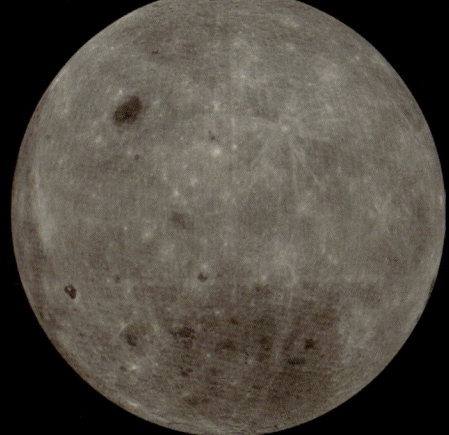　　　　　　月球背面

依據美國的探測器「克萊門汀號」拍攝的圖像合成而得。

筆記

反覆發生的現象，每重複一次所花的時間稱為週期。月球環繞地球公轉一圈所花的時間稱為公轉週期。月球自轉一圈所花的時間稱為自轉週期。

> 隕石坑是宇宙飛來的天體墜落的遺跡哦！

想知道更多

月面的陰暗區域稱為「月海」。

08 影像藝廊
探測器拍攝的月球

在月球表面上可以看到許多層層疊疊的「隕石坑」。

讓我們來觀察一下，探測器在近距離拍攝的月球面貌吧！

滿布隕石坑的月面

NASA的探測器「露西號」在2022年10月拍攝的月球表面的模樣。無數的隕石坑是以前小天體撞擊月面留下的遺跡（第144頁）。月球幾乎沒有大氣層，所以直接掉落到地表的小天體非常多。而且，沒有風和雨，所以地形不會受到侵蝕而能保留原貌。

月面的地質圖

這是根據NASA和日本的JAXA等機構的月球探測器取得的資料所製作的月面地質圖。把月面的資料整合在一張圖中，使用不同顏色區分不同的地形和地質。

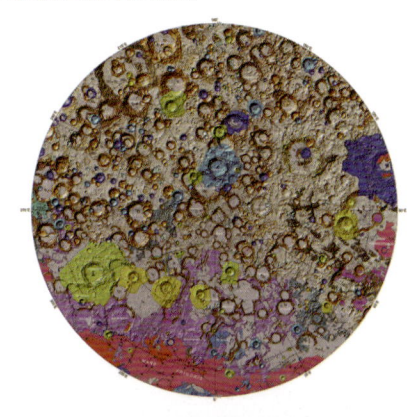

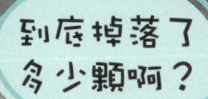

到底掉落了多少顆啊？

月球上也有山
NASA的月球環繞衛星「月球勘測軌道飛行器」在2009年拍攝的月面的山。

09 製造出月球的大撞擊

月球是如何誕生的呢？

關於它的誕生，有好幾種說法。例如，主張在太陽系誕生之前的「原始太陽系圓盤」中，月球和地球同時或先後誕生的「同源說」；或是主張經過地球旁邊的小天體被地球的重力捉住而變成月球的「捕獲說」。

此外還有其他許多種說法，但是，最有力的說法是「大撞擊說」。這種說法認為，地球在誕生的最終階段，被火星一般大小的天體撞擊，撞飛出去的碎片重新集結起來，最後成為月球。

> **筆記**
>
> 重力是天體彼此互相吸引的力（引力）。這個力是因為天體具有「質量」而產生。地球上的物體（包括人類）也具有質量，所以和地球之間有重力在作用，使物體不會因為地球快速自轉（時速約 1670 公里）而被甩離地面。這就是「重量」的本質。

想知道更多
也有一個「親子說」主張地球在剛誕生不久時，它的一部分剝離而形成月球。

「大撞擊說」被認為最有力的原因

> 這個撞擊把地球內部的物質都攪動了，真是猛烈啊！

「大撞擊說」被認為最有力，是因為地球的地函形成年代和月球的岩石形成年代非常接近。而且，相對於地球的大小來說，月球是顆非常巨大的衛星，也可以利用這個說法來解釋。

誕生的最終階段的地球

在太陽誕生約1億年後，太陽系中有許多個稱為原始行星（第154頁）的天體，當時，有一顆火星大小的原始行星撞上了處於誕生的最終階段的地球，這個說法稱為大撞擊說。

10 月球呈現在夜空的形狀會依它和太陽的位置關係而改變

月球受到陽光的照射而發亮。除非像太陽這樣的恆星（第29頁），天體本身都不會發光。

月球被太陽照射而呈現出來的形狀，每天都不一樣。從完全看不到的「新月」，開始漸漸看得見，到了第三天成為「眉月」。然後越來越大，最後成為圓圓的「滿月」。從這時開始，月亮漸漸虧缺，回復到新月。每隔29.5天就會重複一次這個循環。

月球的形狀會呈現這樣的變化，是因為從地球看去的月球和太陽的位置關係在改變而造成。

筆記

月球的公轉週期（27.3天）和月球的盈虧循環（29.5天）不一樣，是因為在月球環繞地球公轉的期間，地球也在繞著太陽公轉的緣故。

> 因為形狀彎彎的像眉毛，所以稱為眉月。

想知道更多
滿月也稱為「望」，新月也稱為「朔」。

月球的形狀隨著太陽的位置而改變

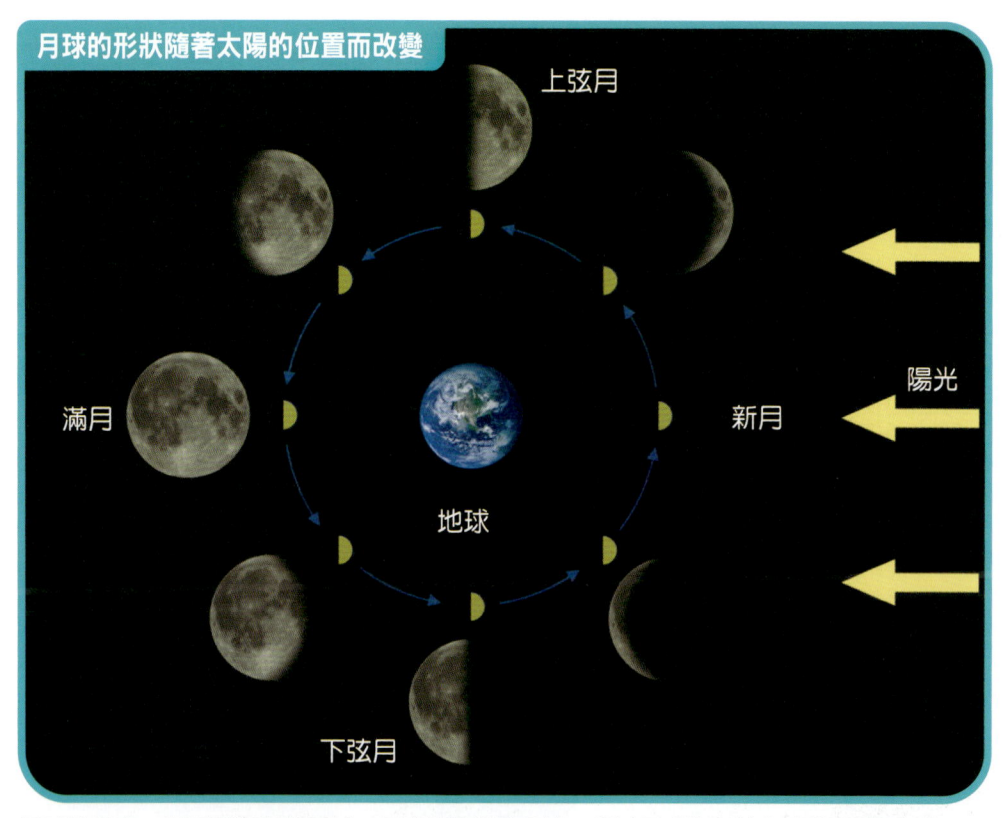

上弦月／滿月／新月／下弦月／陽光／地球

月球始終有一半受到陽光的照射。月球繞著地球公轉，所以月球的形狀會隨著受到照射的一半顯現的模樣而變化。當地球位於月球和太陽之間時為「滿月」，月球位於地球和太陽之間時為「新月」。新月到滿月的期間為「上弦月」，滿月到新月的期間為「下弦月」。

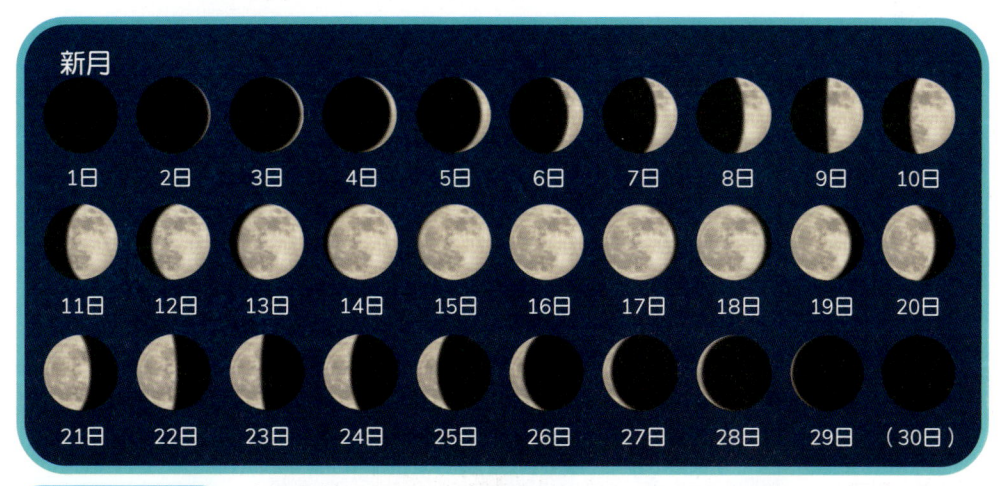

新月
1日 2日 3日 4日 5日 6日 7日 8日 9日 10日
11日 12日 13日 14日 15日 16日 17日 18日 19日 20日
21日 22日 23日 24日 25日 26日 27日 28日 29日 （30日）

從新月到滿月，又回到新月

上圖是從新月到下一次新月的月球形狀的變化。現在的公曆（陽曆）是依據地球繞太陽公轉軌道的位置而編製，一年有365.2421897日；中國古時候的曆法（農曆、陰曆）則是把從新月到下次新月的時間訂為一個月，約29.5日，分為大月30日、小月29日，一年約354或355日。

11 潮汐的漲落和月球有很大的關係

在海邊，經常能看到波浪的邊緣一點一點地往遠方退去的場景。另一方面，也能看到原本能行走的海岸礁石逐漸沉入水中的景象。

像這樣，海面週期性地升高和降低的現象，稱為「潮」

筆記

事實上，月球是繞著「地月共同質心（兩個或多個物體互繞的質量中心）」公轉，地球也環繞著這個質心公轉，稱為「地月系統」。由於地月共同質心位於地球內部（距離地心 4,671 公里處），所以地球僅僅只會略微「抖動」。

潮汐的漲退也會因為太陽而發生。當太陽、月球、地球排列在一條直線的新月及滿月時，會使得海面更加上升（大潮）。另一方面，當太陽、月球、地球排列成直角的上弦月和下弦月時，兩個潮汐力會抵銷，使得海面上升的高度降低（小潮）。

> 海面升到最高水位稱為滿潮，海面降到最低水位稱為乾潮。

太陽

想知道更多
離心力若以掄轉繩子為例，就是使繩頭往外側飛去的力。

（早晨發生）或「汐」（傍晚發生）。發生漲潮（海面上升）和退潮（海面下降）的原因有兩個。第一個是月球的引力把海水往月球的方向吸過去。第二個是地球和月球互相繞轉而產生的「離心力」把海水往月球的反方向推出去。

　　這個離心力的大小在地球上每個地方都相同，而且引力在越靠近月球的地方越強。因此，在離月球近的一側，引力大於離心力；而在離月球遠的一側，離心力大於引力。所以這兩側的海面都會上升，也就是會發生潮汐。

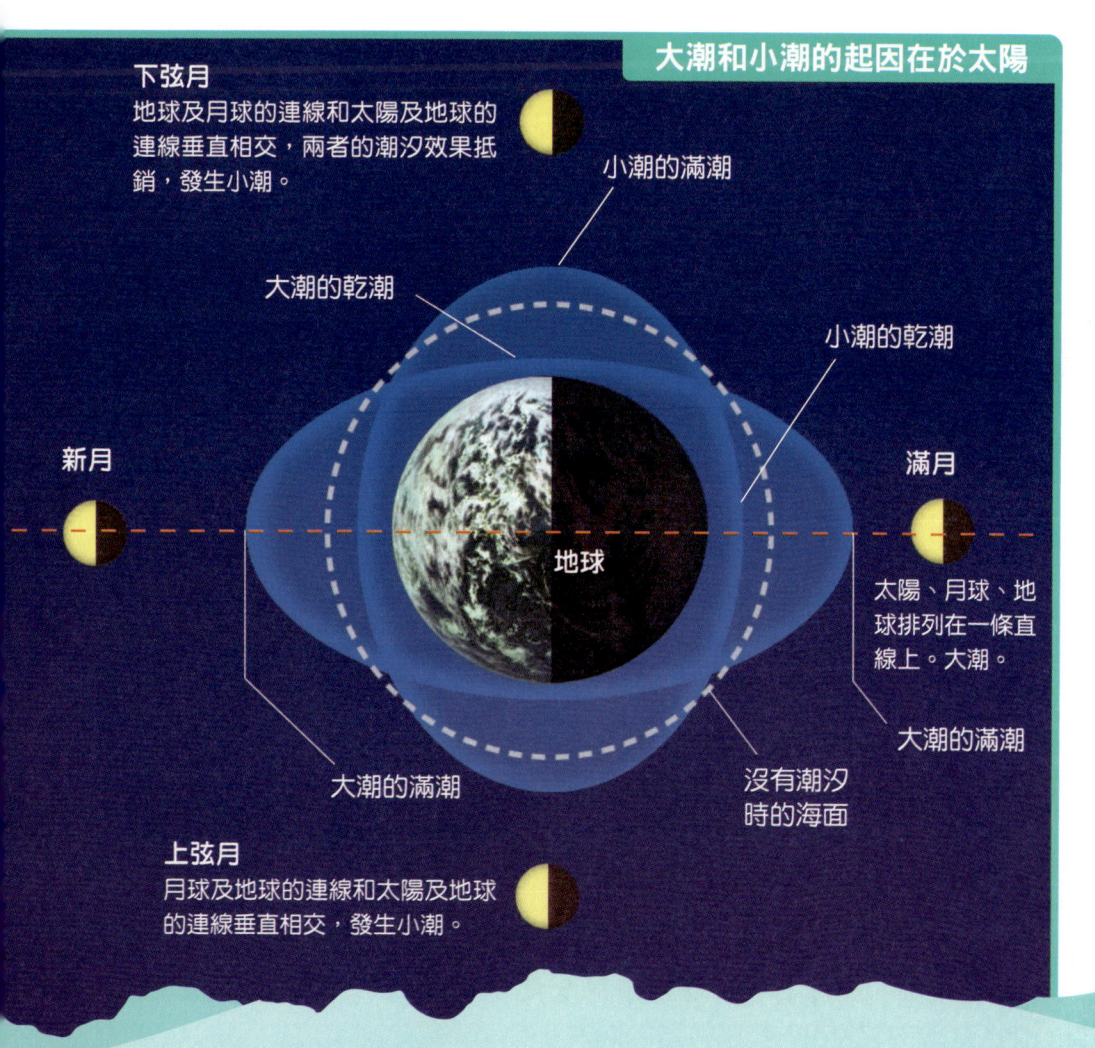

大潮和小潮的起因在於太陽

下弦月
地球及月球的連線和太陽及地球的連線垂直相交，兩者的潮汐效果抵銷，發生小潮。

大潮的乾潮

小潮的滿潮

小潮的乾潮

新月

地球

滿月
太陽、月球、地球排列在一條直線上。大潮。

大潮的滿潮

大潮的滿潮

沒有潮汐時的海面

上弦月
月球及地球的連線和太陽及地球的連線垂直相交，發生小潮。

12 當月球進入地球的影子時會發生月食

滿月時，太陽、地球、月球排在一直線上（第65頁）。這是我們背對著太陽，觀看被陽光照射的月球的狀態。

有時候，滿月會被地球的影子遮住，這種情形稱為「月食」。會發生月食，是因為地球繞太陽公轉的軌道（黃道）和月球繞地球公轉的軌道（白道）部分重疊的關係。但這兩個軌道面並不重合，兩面夾角約5.1度，因此大多數滿月時，月球不在黃道面內，而是偏北或偏南，不在地球陰影內，所以一年只能夠看到2～3次月食。

我也被遮住了哦！

月食

想知道更多

月食之中，一年有1～2次是月全食。

2 我們的地球和月球

逐漸虧缺的月球

在這幅連續圖片中，從右上方到左下方排列著逐漸虧缺的月球。發生月食時，通過地球大氣層的陽光中波長較短的藍光等易被散射掉，只剩下波長較長的紅光等照射在月球上，使月球呈現紅色，這與日落和日出時天空呈現微紅色的現象相同。

月食發生在本影區

陽光造成的地球影子有「本影」和「半影」。事實上，即使進入半影區，月球也幾乎不會變暗；在進入本影區時，才會發生我們看得到的月食。月食分為月球只有一部分被遮掩的「月偏食」和全部被遮掩的「月全食」。

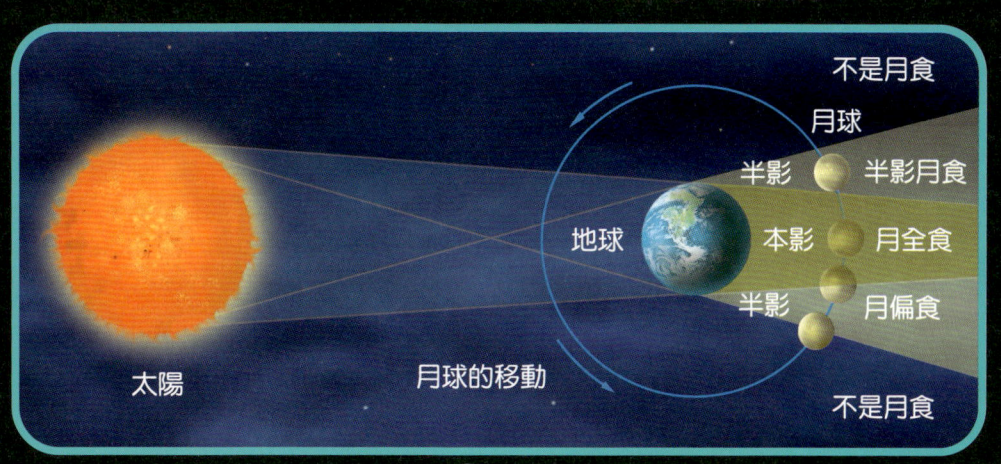

太陽　　月球的移動　　地球　　半影　　本影　　半影　　不是月食　　月球　　半影月食　　月全食　　月偏食　　不是月食

13 把人類送上月球的阿波羅計畫和以月球及火星為目標的阿提米絲計畫

　　人類在1957年首次把人造衛星成功地送上太空，這是舊蘇聯（現在的俄羅斯）的功績。過了12年後的1969年7月20日，人類終於降落在月面上，這是人類首次抵達地球以外的天體的瞬間。

　　獲得這項成就的是美國的「阿波羅計畫」。從最初把兩個人送上月面的阿波羅11號之後，共有12個人降落月面。

　　如今，人類又把目光投注在月球上。那就是美國及日本等許多國家共同參與的「阿提米絲計畫」。

> **筆記**
>
> 阿提米絲計畫是一項企圖把人類送上月球和火星的國際計畫。在計畫中，首先打造一個環繞月球的太空站，然後以這個太空站為據點在月面建造基地，再從這座基地把人類送往火星。

想知道更多
在環繞月球的軌道上建造的太空站名稱為「月球門戶」。

> 阿波羅計畫有從月球做電視轉播哦！

把人類送到月球的阿波羅計畫

阿波羅11號把艾德林太空人和阿姆斯壯船長這兩個人送上月面。圖像中，也可看到兩個人搭乘的小鷹號登月小艇。當時一共停留了大約21個半小時。

在月面建造基地的阿提米絲計畫

阿提米絲計畫預定在月面建造的「阿提米絲太空營」的想像圖。依照計畫，將有4位太空人停留一個月左右，調查用來製造氧和氫的冰及礦物資源。

下課時間

太陽也有可能被月球遮蔽嗎？

當月球進入地球和太陽之間時，有時會發生太陽被月球遮蔽的「日食」。

事實上，月球的軌道有點扭曲，有時比較靠近地球，有時則比較遠離。月球在近處時看起來比較大，所以會發生太陽完全被遮蔽的「日全食」。另一方面，月球在遠處時看起來比較小，所以太陽無法完全被遮蔽，看起來就像一個環，稱為「日環食」。真是有趣啊！

觀看太陽時要注意哦！

日全食

日環食

從地球看到的太陽大小和月球的大小十分接近。依據月球的遠近，可能發生「日全食」，也可能發生「日環食」。

編註：太陽的直徑約為月球的 400 倍，而「地球與太陽的距離」也剛好是「地球與月球的距離」的 400 倍左右，所以從地球看太陽與月亮會覺得大小十分接近。

第 3 節課

與地球相似的類地行星

「類地行星」包括水星、金星、火星，它們和地球一樣，表面由堅硬的岩石構成。不過，並沒有具備像地球這樣適合生物居住的環境。它們分別是什麼樣的世界呢？讓我們去一探究竟吧！

好！來一趟行星旅行吧！

01 最靠近**太陽**的**水星**是顆**布滿隕石坑**的「**鐵球**」

水星是最靠近太陽的行星,它的表面「白天」的溫度達到430℃。原因之一是水星的自轉週期很長,因此受到陽光照射的時間非常久。相反地,「夜晚」的溫度降到接近零下200℃。

水星是太陽系行星當中體積最小的一顆。在它的內部,鐵和鎳的合金占了半徑的7成,簡直就是一顆「鐵球」。整顆行星的表面布滿了無數個隕石坑。

水星 Mercury

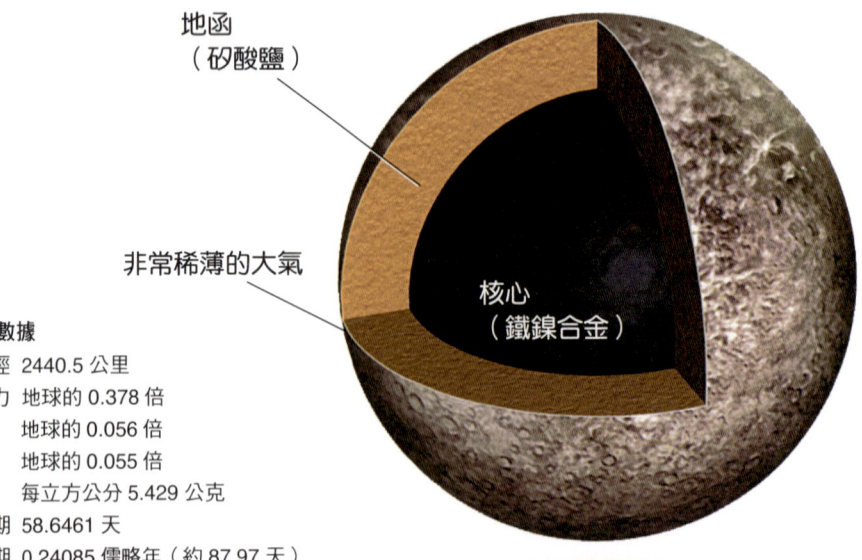

地函
(矽酸鹽)

非常稀薄的大氣

核心
(鐵鎳合金)

水星的數據
赤道半徑　2440.5 公里
赤道重力　地球的 0.378 倍
體積　　　地球的 0.056 倍
質量　　　地球的 0.055 倍
密度　　　每立方公分 5.429 公克
自轉週期　58.6461 天
公轉週期　0.24085 儒略年(約 87.97 天)
衛星數　　0 顆

依據日本國立天文臺編『理科年表 2023』

3 與地球相似的類地行星

表面也有「皺褶」

水星的表面也有像皺褶一樣的地形，稱為「皺脊」。較大的皺脊高度達2公里，長度達500公里。可能是在水星誕生時，內部冷卻使得水星整體收縮而造成。

筆記

水星的自轉週期（約59天）對比於公轉週期（約88天），顯得非常漫長，環繞太陽2圈的期間只有自轉3圈左右。因此，有太陽照射的「白天」和沒有太陽照射的「夜晚」合起來的1天相當於地球的176天。幾乎沒有大氣，所以受到太陽的影響很大。

白天和夜晚的溫度相差600℃以上吧！

想知道更多

位於水星極區的隕石坑，底部始終沒有受到陽光照射，因此有冰存在。

02 影像藝廊
探測器拍攝的水星

水星可以說是一顆距離太陽太近而很難進行觀測的行星。

讓我們來觀察一下,「信使號」一邊環繞水星一邊拍攝到的表面景象吧!

以藝術家命名的隕石坑

直徑95公里的隕石坑「北齋」是以日本浮世繪畫家葛飾北齋來命名。還有「米開朗基羅」、「貝多芬」、「李白」、「齊白石」等隕石坑。

想知道更多

現在正在進行「貝皮可倫坡號」的第三次水星探測計畫。

3 與地球相似的類地行星

表面布滿了隕石坑

NASA在2004年發射的探測器「信使號」於2008年時從12,800～16,700公里的上空拍攝的水星表面。無數個隕石坑布滿了水星的表面，這些都是小天體墜落到水星留下的遺跡。

水星也有磁場哦！

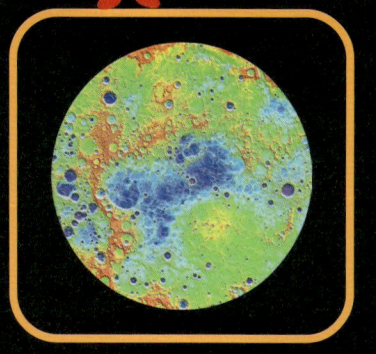

水星的地形圖

信使號觀測到的北半球地形圖。使用不同顏色區分不同高度，越紅越高，越紫越低。在這幅圖像中，高低差最大可達10公里左右。

77

03 金星是一顆非常像地球但環境過度嚴苛的行星

金星的大小、與太陽的距離都和地球十分相似，所以也被稱為地球的「兄弟行星」。不過，它的表面環境卻和地球完全不同。

例如，金星表面的大氣壓是地球大氣壓的92倍左右，能把地球表面的生物壓碎。

此外，金星表面的氣溫高達464℃。這是因為金星的大氣有96.5%是二氧化碳，所以造成了可怕的「溫室效應」。

金星 Venus

地核（液態的鐵鎳合金）
地殼（矽酸鹽）
大氣層（主要成分是二氧化碳）
地函（矽酸鹽）

金星的數據

赤道半徑	6051.8 公里
赤道重力	地球的 0.903 倍
體積	地球的 0.857 倍
質量	地球的 0.815 倍
密度	每立方公分 5.24 公克
自轉週期	243.0185 天
公轉週期	0.6152 儒略年
衛星數	0 顆

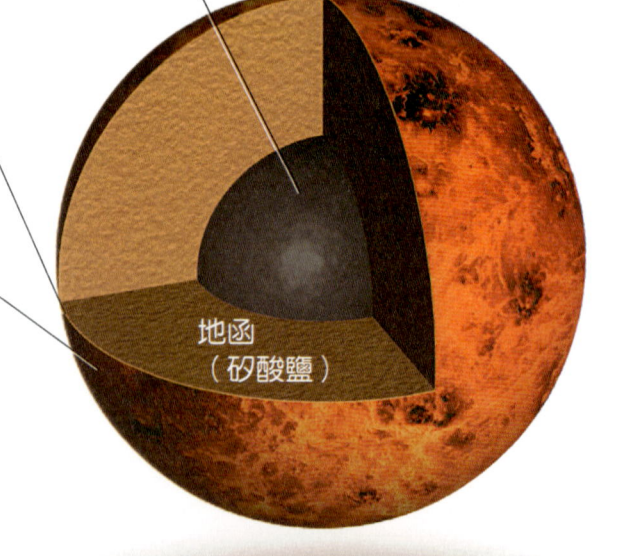

依據日本國立天文臺編『理科年表 2023』

3 與地球相似的類地行星

被濃硫酸的雲包覆著

NASA的探測器「先鋒金星軌道器」在1979年拍攝的金星模樣。金星被「濃硫酸」的厚雲包覆著,看不到表面的樣貌。濃硫酸把陽光反射出去,使得金星看起來非常明亮。

筆記

金星的自轉週期大約243天,非常緩慢,旋轉方向和地球相反。另一方面,大氣中的氣流速度(秒速100公尺)高達自轉的60倍(金星圓周÷243天÷24時÷60分÷60秒≒1.8公尺),所以被稱為「超級旋轉」。

氣流的速度是秒速100公尺!

想知道更多

黎明看到的金星稱為「晨星」,傍晚看到的金星稱為「昏星」。

04 影像藝廊
探測器拍攝的金星

金星的雲層太厚，所以利用可見光只能看到雲的外層。

我們來觀察一下，探測器利用電磁波及紫外線拍攝的金星樣貌吧！

既然是地球的兄弟行星，怎麼會差別這麼大呢？

想知道更多
利用「近紅外線」的電磁波可以測量雲層表面的溫度。

3 與地球相似的類地行星

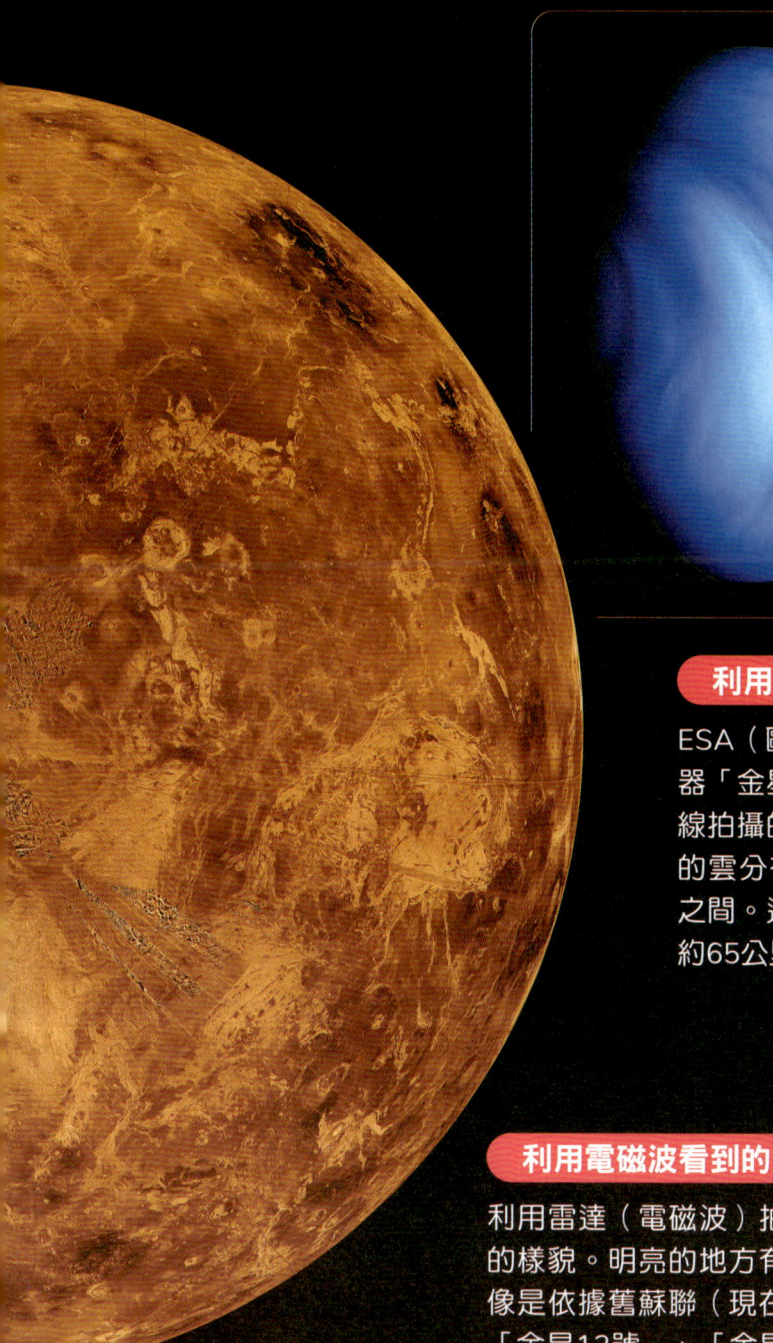

利用紫外線看到的金星

ESA（歐洲太空總署）的探測器「金星特快車號」利用紫外線拍攝的金星雲層內部。金星的雲分布在高度45～70公里之間。這幅圖像呈現的是高度約65公里處的雲。

利用電磁波看到的金星

利用雷達（電磁波）拍攝的金星北半球表面的樣貌。明亮的地方有明顯的凹凸。這幅圖像是依據舊蘇聯（現在的俄羅斯）的探測器「金星13號」、「金星14號」拍攝的圖像，組合NASA的探測器「麥哲倫號」取得的資料，再加以著色而製成。

05 金星的絕大部分表面被熔岩覆蓋著

金星的表面絕大部分地區被熔岩覆蓋著。

這種地形可能是在幾億年前的某個時期,「短期間」(約幾千萬年)內形成的。金星有許多火山,從火山湧出的熔岩流沒多久就把金星表面完全蓋住了。

或許是這個緣故,金星表面有60%是平坦的土地。高出平均面2公里以上的高地只占13%左右。

金星的火山大多是直徑20公里以下的小火山。平緩的大地上處處可見這種火山。

在地球之外,也有火山哦!

筆記

依據麥哲倫號取得的資料加以立體化,得到「馬特山」的火山圖像。現在金星上可能還有活火山存在。

想知道更多

金星最高的山是標高約11公里的「馬克士威山」。

金星的火山「馬特山」

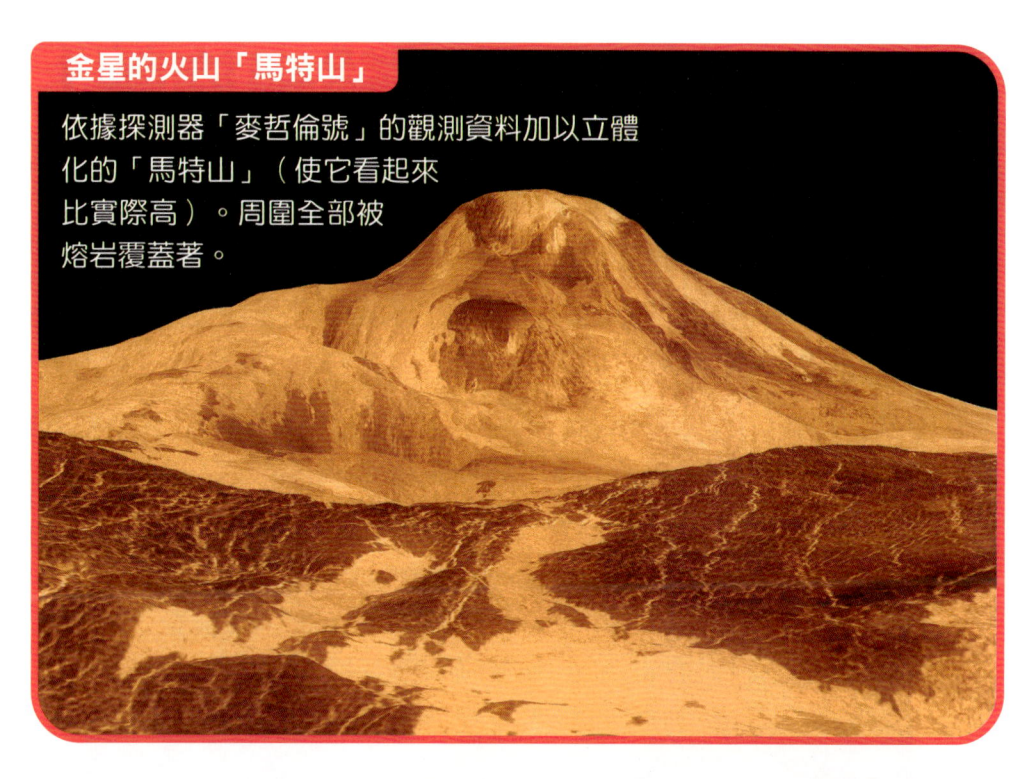

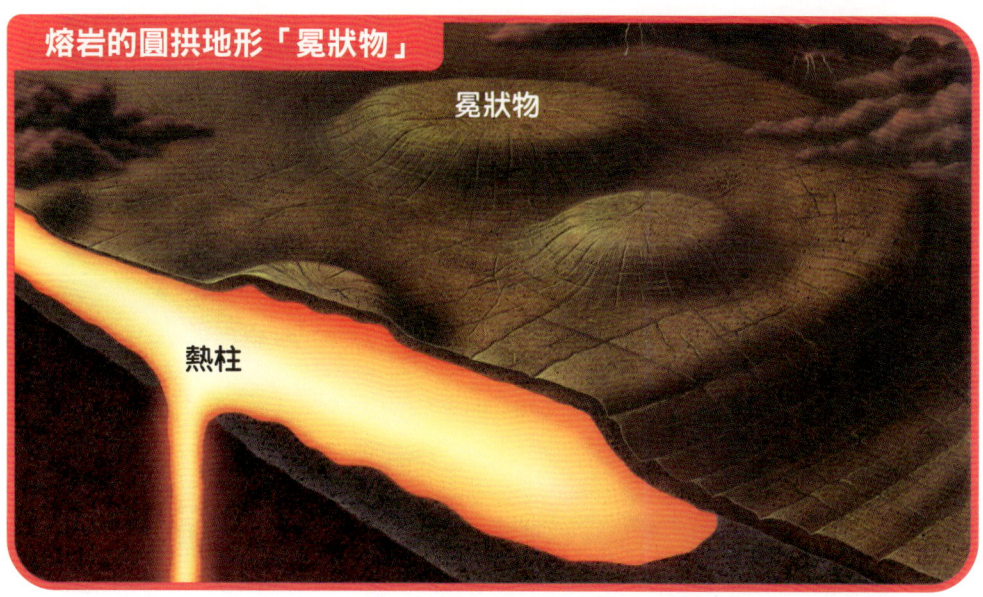

依據探測器「麥哲倫號」的觀測資料加以立體化的「馬特山」（使它看起來比實際高）。周圍全部被熔岩覆蓋著。

熔岩的圓拱地形「冕狀物」

冕狀物

熱柱

金星表面可能具有的「冕狀物」想像圖。從內部地函湧升的高溫物質流「熱柱」把地殼往上推，後來冷卻凝固，於是形成了這種形狀像煎餅的圓拱地形。

06 金星的氣流「超級旋轉」秒速100公尺

　　金星大氣中的氣流以金星自轉的60倍速度在旋轉，稱為「超級旋轉」（第79頁）。

　　這個秒速100公尺的高速氣流的成因，長久以來始終是個謎。日本探測器「破曉號」向這個謎題挑戰，獲得的觀測

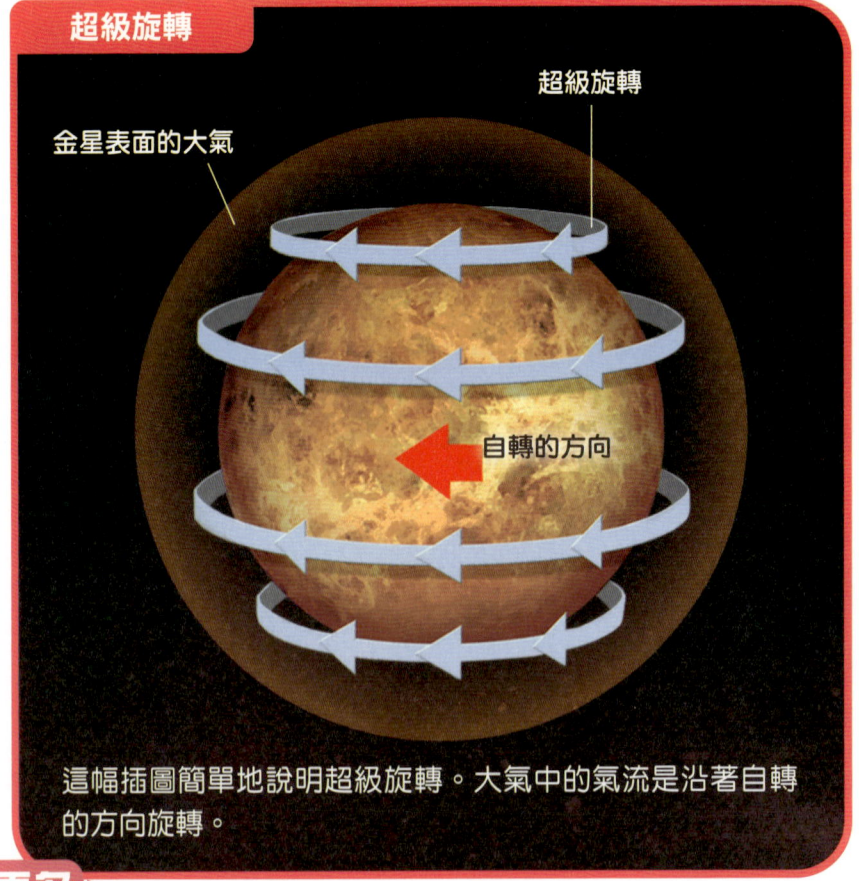

超級旋轉

金星表面的大氣

超級旋轉

自轉的方向

這幅插圖簡單地說明超級旋轉。大氣中的氣流是沿著自轉的方向旋轉。

▶ **想知道更多**
「破曉號」是跟隨硫酸雲的移動，一邊環繞金星一邊進行觀測。

結果總算揭開了謎底。

　　氣流的成因就在於白天和夜晚的溫度差。由於溫度差，空氣反覆膨脹與收縮，於是產生了空氣的流動。這個規律稱為「熱潮汐」。「破曉號」取得的資料顯示了這個氣流是因熱潮汐而產生。金星的自轉週期很長，使得白天和夜晚的溫度差變大。

　　同時也得知，氣流的超級旋轉使得熱能夠在大氣中有效率地傳播。

「破曉號」拍攝的金星

2015年12月進入環繞金星的軌道的探測器「破曉號」拍攝的金星樣貌。超級旋轉可能是在大氣的上層部分發生。

破曉號是為了揭開金星大氣的謎底而打造的人造衛星哦！

07 火星是環境類似地球的紅色行星

火星是環境最接近地球的行星。

自轉週期和地球的1天幾乎相同。此外，自轉軸傾斜大約25度，所以和地球一樣擁有四季。表面也有稀薄的大氣。

話雖如此，大氣幾乎都是二氧化碳，大氣壓只有地球的150分之一左右。雖然夏季可以達到20℃，但因火星的溫室效應很微弱，所以冬季會下降到零下140℃。

火星 Mars

核心（鐵鎳合金、硫化鐵）
地殼（矽酸鹽）
大氣層（主要成分為二氧化碳）
地函（含有大量硫化鐵的矽酸鹽）

火星的數據

赤道半徑	3396.2 公里
赤道重力	地球的 0.38 倍
體積	地球的 0.151 倍
質量	地球的 0.107 倍
密度	每立方公分 3.934 公克
自轉週期	1.026 天
公轉週期	1.881 儒略年
衛星數	2 顆

依據日本國立天文臺編『理科年表 2023』

3 與地球相似的類地行星

覆蓋整個火星的塵捲風暴

NASA的哈伯太空望遠鏡拍攝的不同時期的火星面貌。火星上有時會發生覆蓋整顆行星的塵捲風暴。左邊圖像可以看到表面，右邊圖像則幾乎完全看不到。巨大的塵捲風暴可能是因為火星的季節變化而引發。

2001年6月26日　　　　2001年9月4日

筆記

火星的地殼和地球一樣，主要成分是矽酸鹽。不過，火星表面有許多含有氧化鐵（紅鏽）的岩石，所以也被稱為紅色行星。

平均氣溫即使在赤道附近也只有零下50°C吧！

想知道更多

在火星的極區，上升氣流把沙塵捲上去而形成塵捲風暴。

08 影像藝廊
人類把探測車送上了火星

火星探測已經進入了把探測車送上火星，一邊行駛一邊進行探測的時代了。

我們來觀察一下，「毅力號」拍攝的火星大地吧！

採取岩石進行調查

這幅圖像是把NASA的探測車「毅力號」拍攝的圖像組合製成的火星樣貌（2021年2月18日登陸火星）。探測車前方的岩石上，有兩個為了採取樣本而鑽挖的小洞。把火星的樣本帶回地球，也是探測的目的之一。

在火星上一邊飛行一邊調查

和毅力號一起送上火星的小型直升機「機智號」。雖然火星的大氣稀薄，也能飛行小型直升機。

想知道更多

第一輛火星探測車「勇氣號」在2004年降落於火星，確認了古時候曾經有冰存在。

這是探測車的自拍照哦！

3 與地球相似的類地行星

89

09 古時候的火星表面有液態水在流動

具有與地球相似環境的火星，古時候可能擁有以水蒸氣和二氧化碳為主要成分的濃密大氣。不過，可能是因為有許多小天體墜落，造成大氣剝離。火星表面的重力非常小，只有地球的4成左右，可能也是大氣容易散失的原因之一。

根據各種探測器調查的結果，已經得知古時候的火星表面曾經有液態水流動，也知道了現在的火星某些地方的土壤中含有水冰，並且在極區的隕石坑裡發現了大量的冰。

有許多探測器被送上了火星哦！

筆記

NASA的火星探測器「鳳凰號」（2008年登陸火星）確認了土壤中含有水冰。而根據ESA的探測器「火星特快車號」（2003年抵達環繞火星的軌道）的探測與調查，得知南極一帶擁有大量的水冰。

想知道更多
撞上火星的小天體會放出高溫高壓的蒸氣，把大氣吹飛到宇宙中。

擁有水冰的極冠

根據NASA的探測器「維京號」拍攝的圖像組合製成的火星樣貌。上方的白色區域是北半球極區的「極冠」。根據各種調查，極區的地底下藏有水冰，可能有水湖存在。

火星的北極附近的「科羅列夫隕石坑」（依據「火星特快車號」拍攝的圖像組合製成）直徑長達82公里。隕石坑內積存了1800公尺厚的水冰，即使夏季也不會融化。

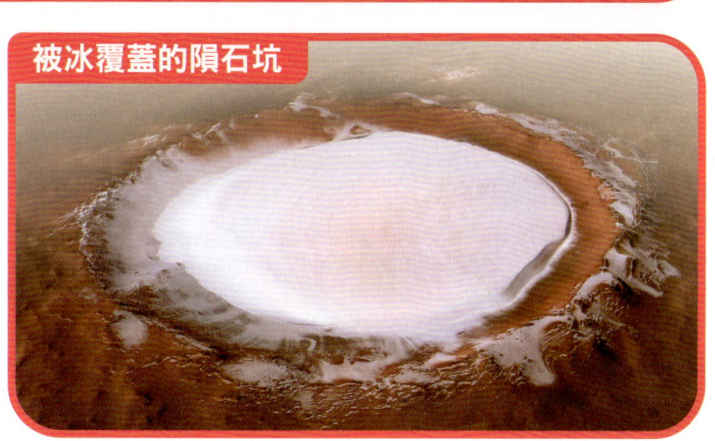

被冰覆蓋的隕石坑

10 火星上有太陽系中最大的火山

火星上有許多巨大的火山。

其中最大最高的一座是「奧林帕斯山」，從山麓量起的高度達到21公里。

奧林帕斯山的占地範圍也相當廣闊，直徑大約600公

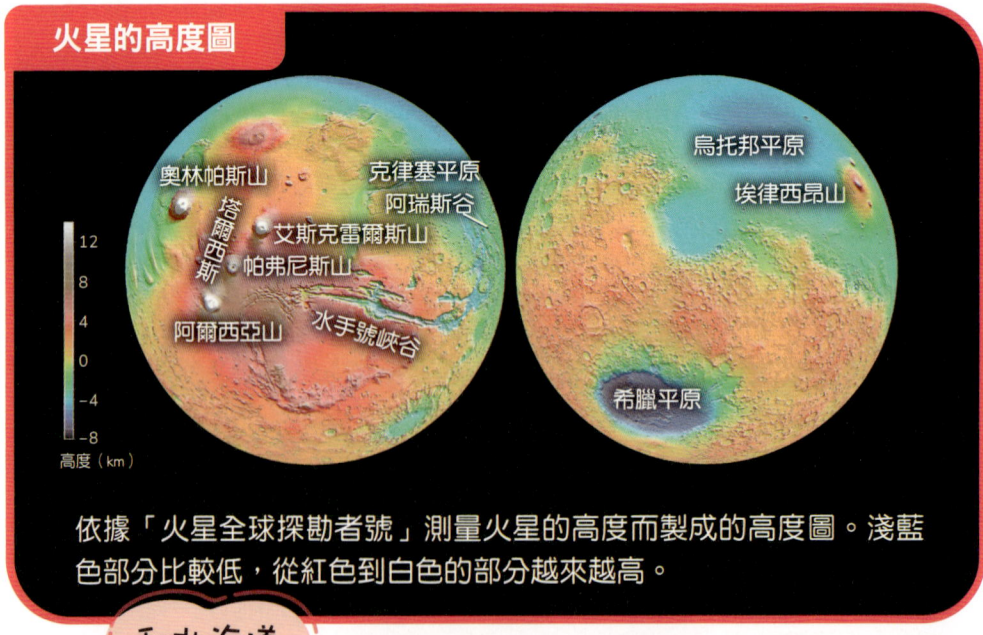

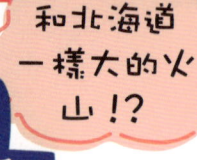

火星的高度圖

奧林帕斯山
塔爾西斯
阿爾西亞山
克律塞平原
阿瑞斯谷
艾斯克雷爾斯山
帕弗尼斯山
水手號峽谷
烏托邦平原
埃律西昂山
希臘平原

高度（km）

依據「火星全球探勘者號」測量火星的高度而製成的高度圖。淺藍色部分比較低，從紅色到白色的部分越來越高。

和北海道一樣大的火山！？

立體化的奧林帕斯山

里，能夠把整個北海道放進去。

　　火山口有許多凹陷的「火山口湖」，最大的一個直徑數十公里。環顧整個太陽系，無論高度、廣度，奧林帕斯山都是最大的火山。

　　另一方面，火星上的山谷大小也是「怪獸級」。位於火星赤道附近的「水手號峽谷」寬100公里、深7公里，長4000公里，比日本列島還要長。

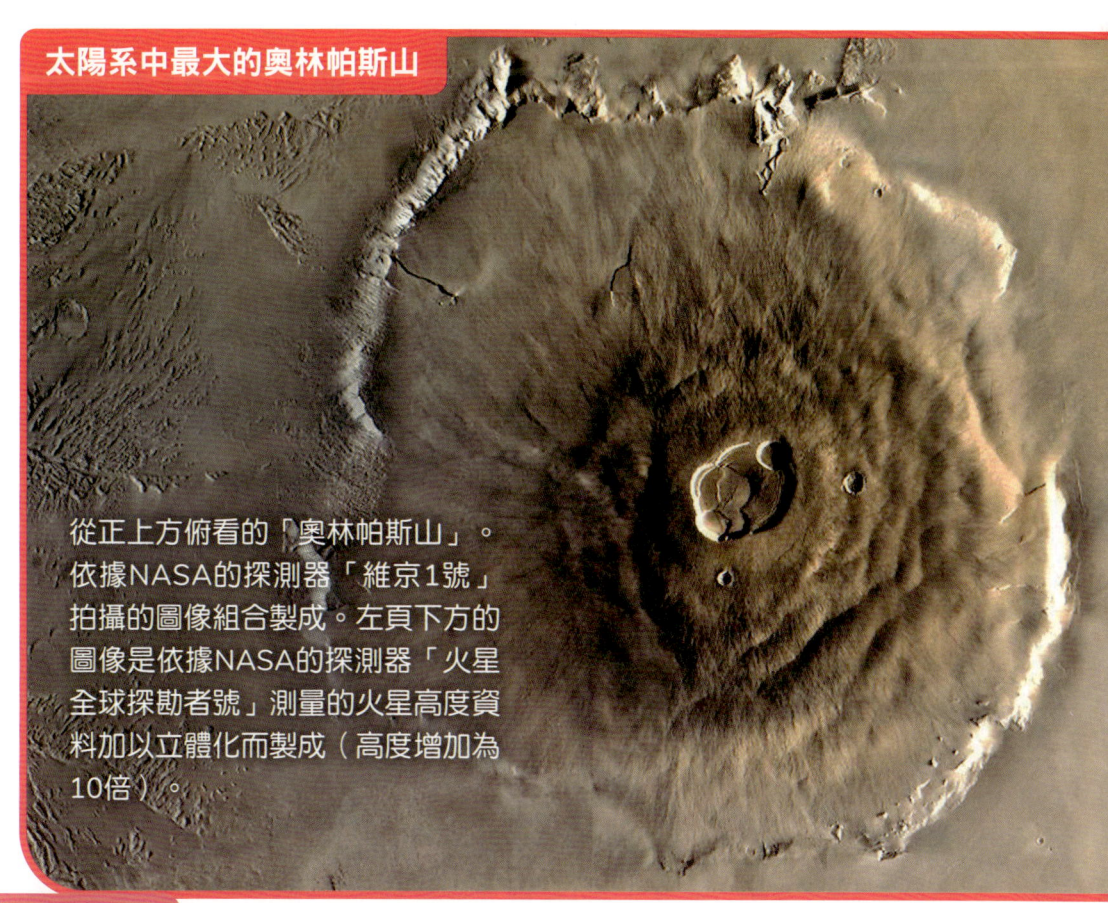

太陽系中最大的奧林帕斯山

從正上方俯看的「奧林帕斯山」。依據NASA的探測器「維京1號」拍攝的圖像組合製成。左頁下方的圖像是依據NASA的探測器「火星全球探勘者號」測量的火星高度資料加以立體化而製成（高度增加為10倍）。

想知道更多

火星上除了奧林帕斯山之外，還有 4 座高度 10 公里級的山。

下課時間

火星的衛星是如何形成的呢？

火星擁有「火衛一」和「火衛二」共兩顆衛星。

這兩顆衛星都是直徑10公里左右，體積小，而且形狀不規則。比起地球的月球，可說是非常小的衛星。

這兩顆小天體可能都是在宇宙中飄盪時，被火星的重力捕獲而成為火星的衛星。

日本的火星衛星探測計畫「MMX」打算從火衛一採取樣本帶回地球。

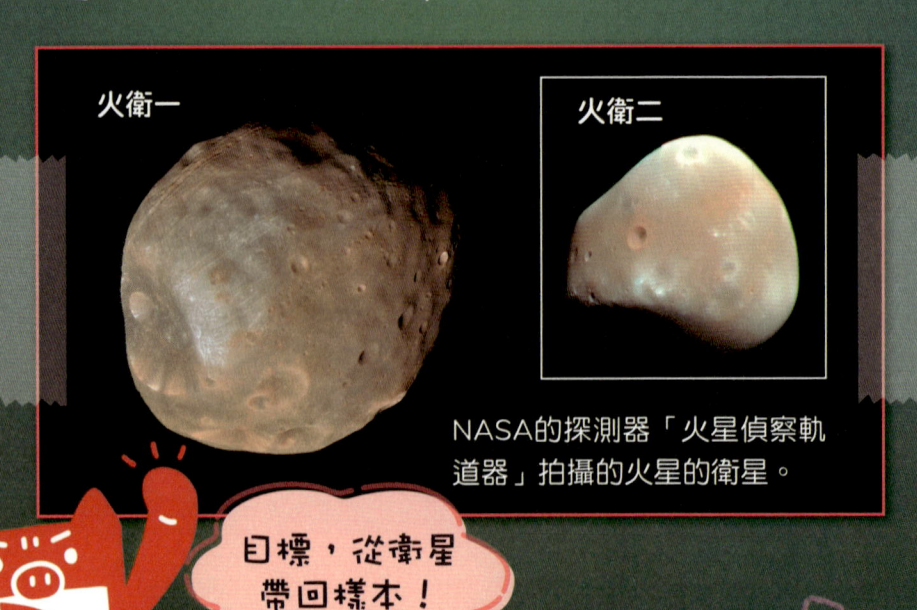

火衛一

火衛二

NASA的探測器「火星偵察軌道器」拍攝的火星的衛星。

目標，從衛星帶回樣本！

第 **4** 節課

巨大的氣體行星和冰質行星

行星的樣貌從這節課開始完全不同了。和類地行星不一樣,它們的體積都很龐大。不只如此,每顆行星的表面都不像地球那樣凹凸不平。究竟這些是什麼樣的行星呢?

豬頭星也有環,看到了沒?

01 木星是太陽系最大的氣體巨行星

　　木星是行星當中體積最大也最重的天體。半徑是地球的11倍，重量更達到318倍。

　　和「類地行星」不一樣，木星的表面被氣體覆蓋著。內部絕大部分是氫和氦，所以比較不像地球，反而更像太陽。

　　木星屬於「氣體巨行星」，中心有顆由岩石和冰構成的核心。光是核心的重量，竟然就比地球重10倍以上。

木星 Jupiter

- 核心（岩石、冰）
- 地函（含有氦的液態金屬氫）
- 液態氫分子（含有氣體）
- 大氣層

木星的數據

赤道半徑	7萬1492公里
赤道重力	地球的2.37倍
體積	地球的1321.33倍
質量	地球的317.83倍
密度	每立方公分1.33公克
自轉週期	0.4135天
公轉週期	11.862儒略年
衛星數	95（72）*顆

依據日本國立天文臺編『理科年表2023』
日本國立天文臺官網首頁
＊提出報告的95顆之中，已經確定編號了72顆。

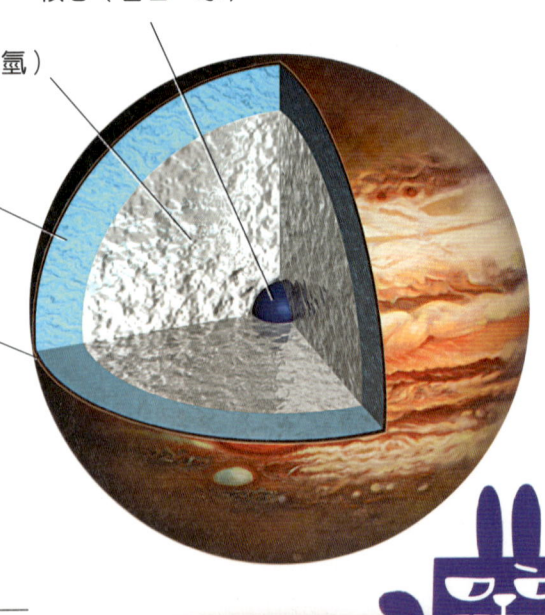

4 巨大的氣體行星和冰質行星

木星也擁有環

薄紗環　主環　光環
木衛五　木衛十五　木衛十六　木衛十四

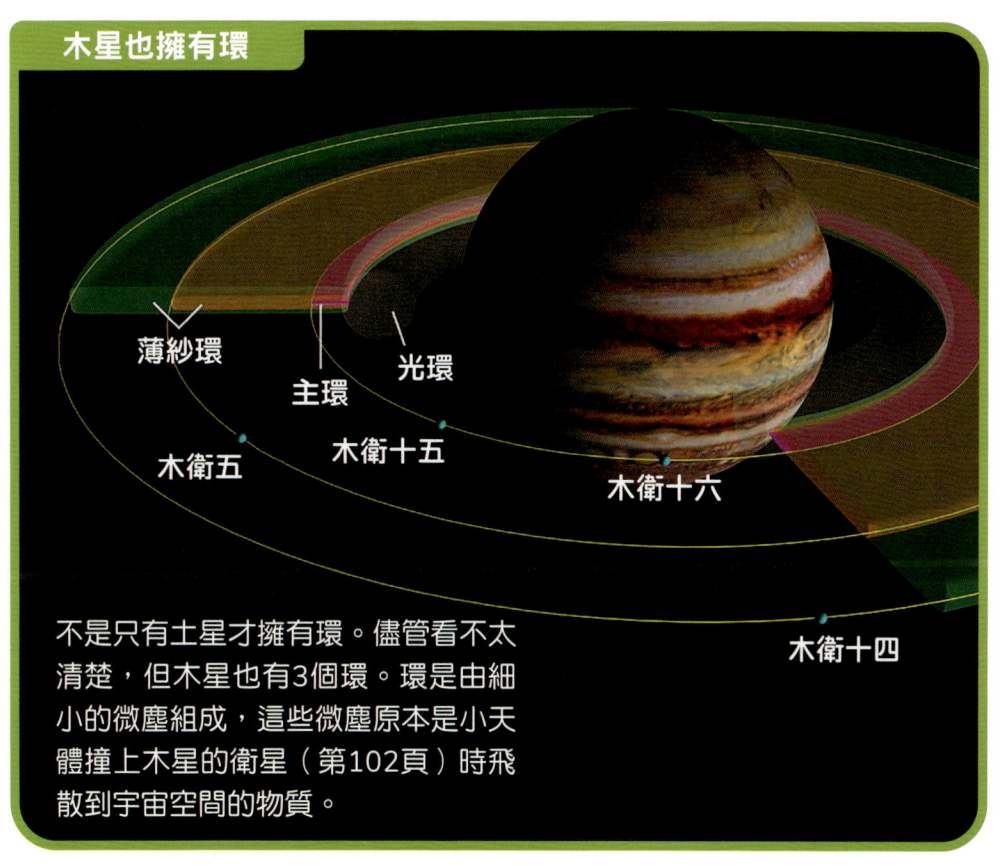

不是只有土星才擁有環。儘管看不太清楚，但木星也有3個環。環是由細小的微塵組成，這些微塵原本是小天體撞上木星的衛星（第102頁）時飛散到宇宙空間的物質。

筆記

非常重的木星會產生強大的重力。內部的氣體可能被這個重力強烈地壓縮，導致壓力升高，變成像液態金屬這樣不可思議的狀態。即使如此，因為木星主要由氣體構成，所以平均密度仍然遠比類地行星小很多。

> 說到環，我最喜歡的就是甜甜圈了！

想知道更多

木星如果再稍微大一點，使得重力和壓力更加提高，就會引發核融合反應，成為一顆恆星。

02 木星表面有紅色和白色的巨大旋渦

木星的表面有平行於赤道的斑馬條紋圖案。每一個條紋圖案都是隨著大氣中的「噴射氣流」移動的雲，有的往東流動，有的往西流動。

噴射氣流產生的原因，在於木星的自轉週期很快，只有大約10個小時而已。由於噴射氣流的影響，雲層之中產生了許多旋渦。這些旋渦的「頭目」是稱為「大紅斑」的巨大紅色旋渦，它是和颱風不一樣的高氣壓旋渦，有兩顆地球並排在一起這麼大。

還有好幾個稱為「白斑」的白色旋渦。有時候，這些旋渦會合併成為更大的旋渦。

不同緯度的噴射氣流的速度不一樣哦！

筆記

木星的雲中，強烈反射陽光而明亮的部分稱為「區」，不太反射陽光而暗淡的部分稱為「帶」。雲中的旋渦是在東風和西風交錯的地方產生。

想知道更多
木星的雲由氨和硫氫化銨組成。

4 巨大的氣體行星和冰質行星

大紅斑

白斑（A5）

白斑（A4）

大紅斑和白斑

NASA的探測器「朱諾號」在2019年拍攝的木星南半球的樣貌。可以看到大紅斑和編號「A4」、「A5」的白斑。推動大紅斑的噴射氣流十分強勁，使得這個旋渦朝東側（右側）高速移動。因此，每隔大約1年左右便會追過A4和A5一次。

新誕生的紅斑

NASA的哈伯太空望遠鏡在2006年拍攝的新紅斑。大小只有大紅斑的一半左右。原本是3個小旋渦，在2000年合併成一個。

Jupiter
HST ACS/HRC
April 25, 2006

99

03 影像藝廊
木星上閃耀的極光

和地球一樣，在木星的極區也會出現極光。

讓我們來欣賞一下，太空望遠鏡等設施拍攝到的在木星上閃耀的極光吧！

使地球的極光閃耀的，就是太陽風哦！

想知道更多
木星的三大衛星木衛一、木衛二、木衛三和木星之間有磁力線串連著。

閃耀藍白色光輝的極光

依據NASA的探測器「朱諾號」（可見光）和「哈伯太空望遠鏡」（紫外線）的圖像組合製成的木星極光的景象。木星的極光是從遠處吹來的太陽風高能電漿或從旁邊的木星衛星飛來的電漿，撞上木星極區大氣中的分子及原子而產生的發光現象。

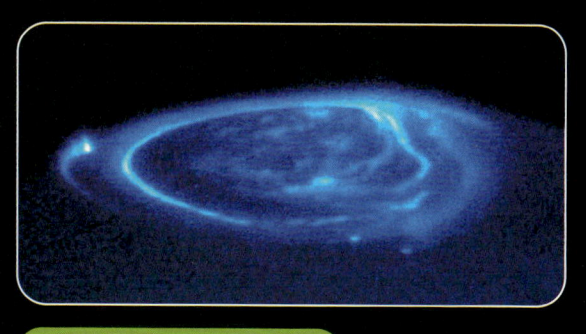

衛星造成的極光

哈伯太空望遠鏡拍攝的木星北極的極光，顯示了從木星三顆最大衛星飛來的電漿（火山噴發大量二氧化硫氣體被太陽紫外線解離成原子或離子，逸出大氣層形成電漿環）所造成的極光「足跡」。左邊有木衛一造成的亮點，中央有木衛二造成的亮點，右下方有木衛三造成的亮點。

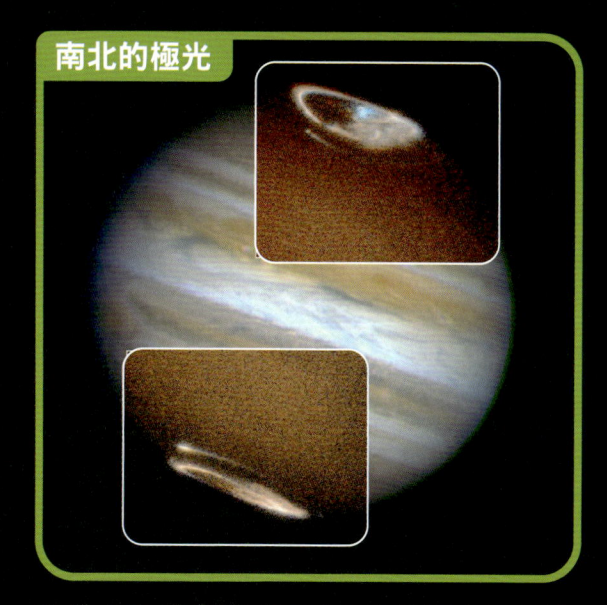

南北的極光

哈伯太空望遠鏡利用紫外線拍攝木星北極和南極同時發生的極光。電漿會被磁場引導到極區。木星的磁場強度是地球的10倍，所以會和地球一樣發生極光。

4 巨大的氣體行星和冰質行星

04 木星擁有大約100顆衛星

　　截至2023年為止，已經在木星周圍發現了大約100顆衛星（95顆提出報告，72顆確認編號）。其中，「木衛一」、「木衛二」、「木衛三」、「木衛四」這四顆衛星的大小和地球的月球差不多。

　　木衛一有數百座活火山。木衛二的地下可能有「海」。這些衛星的樣貌多彩多姿，所以和木星一樣吸引著天文學家的目光。

木衛十六　木衛十五　木衛五　木衛十四　木衛一　木衛二

我也有分身哦！

想知道更多
木衛三是太陽系中最大的衛星，比水星還要大。

4 巨大的氣體行星和冰質行星

筆記

木星的衛星會受到木星的強大重力，以及其他衛星的重力的影響。這種影響似乎使得木衛一發生火山活動、木衛二內部的冰融化等等。木衛二可能有生命存在，因此備受注目。

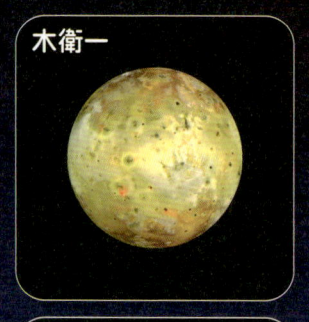

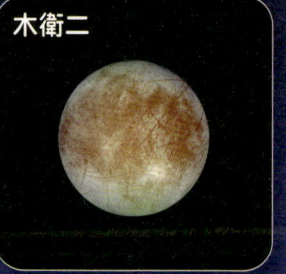

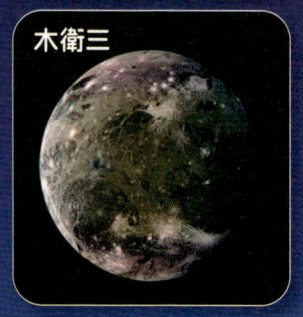

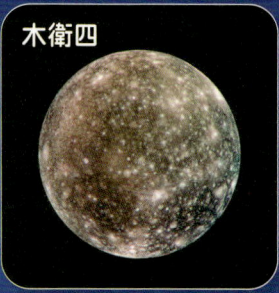

木衛一

木衛二

地球　月球

木衛三　木衛四　木衛十三　木衛六　木衛十　木衛七　木衛十二　木衛十一　木衛八　木衛九

木衛三

木衛四

木星的主要衛星群

插圖中，為了比較木星和主要衛星的大小，特地把它們排在一起。同時也把地球和月球一起排列。木衛一、木衛二、木衛三、木衛四是義大利物理學家兼天文學家伽利略（1564～1642）在1610年使用望遠鏡發現的衛星，所以也稱為「伽利略衛星」。

103

05 土星是擁有巨環的氣體巨行星

　　土星是太陽系中僅次於木星的第二大行星，和木星一起被稱為「氣體巨行星」，因為它的內部也和木星一樣，幾乎是由氫和氦所構成。

　　談到土星，人們一定會想到巨大的環吧！環的寬度是土星本身半徑的3倍以上，從地球都能用望遠鏡觀察到。

　　其實，土星上也有「大白斑」。木星的大紅斑從300年前到現在一直存在，而土星的大白斑會反覆出現又消失。

土星 Saturn

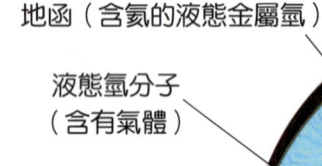

核心（岩石、冰）
地函（含氦的液態金屬氫）
液態氫分子（含有氣體）
大氣層

土星的數據

赤道半徑	6 萬 268 公里
赤道重力	地球的 0.93 倍
體積	地球的 763.59 倍
質量	地球的 95.16 倍
密度	每立方公分 0.69 公克
自轉週期	0.444 天
公轉週期	29.457 儒略年
衛星數	149（66）* 顆

依據日本國立天文臺編『理科年表 2023』
日本國立天文臺官網首頁
* 提出報告的 149 顆之中已經確定編號 66 顆。
149 顆當中，如果剔除判別困難的 3 顆，則是 146 顆。

> 土星的表面也像木星一樣有條紋圖案哦！

4 巨大的氣體行星和冰質行星

土星上的巨大風暴

利用紅外線拍攝的土星表面的巨大風暴（著色而呈現出可見光影像的效果）。可以看到白色的旋渦狀圖案。土星的表面也有雲，也會像木星一樣出現「大白斑」，但這些旋渦經過幾個星期到幾個月就會消失。

筆記

土星的赤道圓周長度是地球的 9.45 倍，但自轉週期卻非常短，只有大約 11 個小時就轉一圈，所以轉速比地球快很多。由於這個影響，土星赤道部分膨脹起來，使得土星像是一顆壓扁的球。在行星當中，土星的扁平率（壓扁的程度）最大，平均密度則是最小。

想知道更多

土星的地函活動十分劇烈，可能因此產生了土星的磁場。

06 影像藝廊
探測器拍攝的土星環

　　巨行星都擁有環，但土星環的大小傲視群倫。
　　我們來看看，「卡西尼號」從近距離拍攝的土星環吧！

筆記

環主要是由微小的冰粒聚集而成，分別繞著土星旋轉。環的厚度只有數十～數百公尺，從正側面觀察幾乎看不到。

想知道更多

每 15 年會有一次，土星以正側面朝向地球，這時環看起來好像消失了。

106

4 巨大的氣體行星和冰質行星

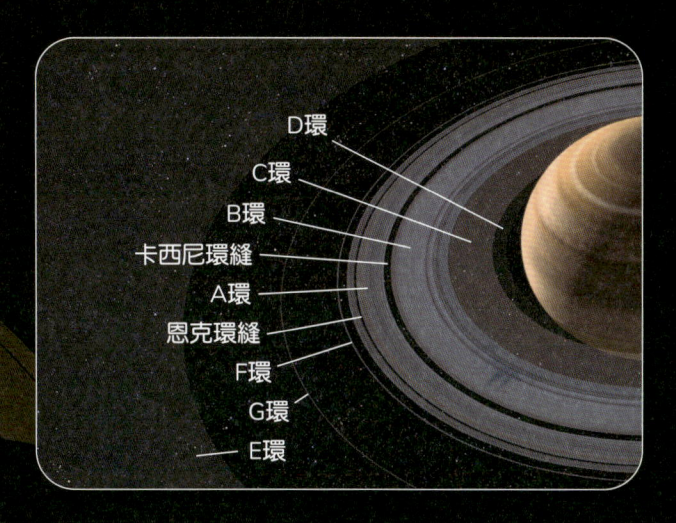

D環
C環
B環
卡西尼環縫
A環
恩克環縫
F環
G環
E環

一共有A～G環

環分為好幾個部分，分別編號為A～G環。清楚可見的有A、B、C這3個環。D、E的厚度很薄，F、G非常細，很難看到。顏色暗黑的部分是幾乎沒有冰粒存在的間隙（環縫）。

> 依照發現的順序分別編號為A～G環哦！

環的寬度超過20萬公里以上

NASA的探測器「卡西尼號」從正上方觀測的土星和環（2013年10月10日拍攝）。環的寬度超過20萬公里以上，但清楚可見的部分（A、B、C環）的寬度只有6萬公里左右。圖像中，土星本身的影子投射在環上。

07 土星是太陽系中擁有最多衛星的行星

土星擁有的衛星，截至2023年為止，總共提報了大約150顆。事實上，在2023年5月，就新提報了60顆以上的衛星。雖然已經確定編號的顆數（66顆）比木星的編號衛星數（72顆）少了一點，但事實上，土星的衛星數應該是太陽系中的第一名！

半徑500公里以上的衛星群

土星的衛星當中，半徑500公里以上的，只有土衛六、土衛五、土衛四、土衛八、土衛三。半徑100公里以上的有土衛一、土衛二。除此之外，絕大多數都是半徑數十公里以下。

土衛六

> 土衛六的大氣成分絕大部分是氮吧！

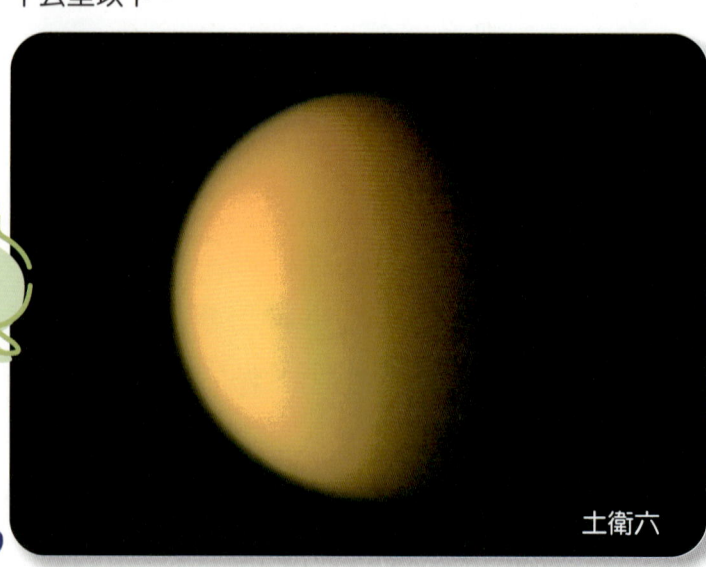

土星的衛星之中，最大的一顆是「土衛六」。比水星還要大的土衛六，是太陽系中唯一擁有濃密大氣的衛星。表面的大氣壓達到地球的1.5倍。此外，它也是除了地球之外，太陽系中唯一表面擁有液態湖泊及河川的天體。只不過，那些液體不是水，而是乙烷和甲烷。

　　其他衛星，除了土衛二（第110頁）之外，大多是由岩石和冰構成。由於土星的衛星含有大量的冰，所以密度可能很低。

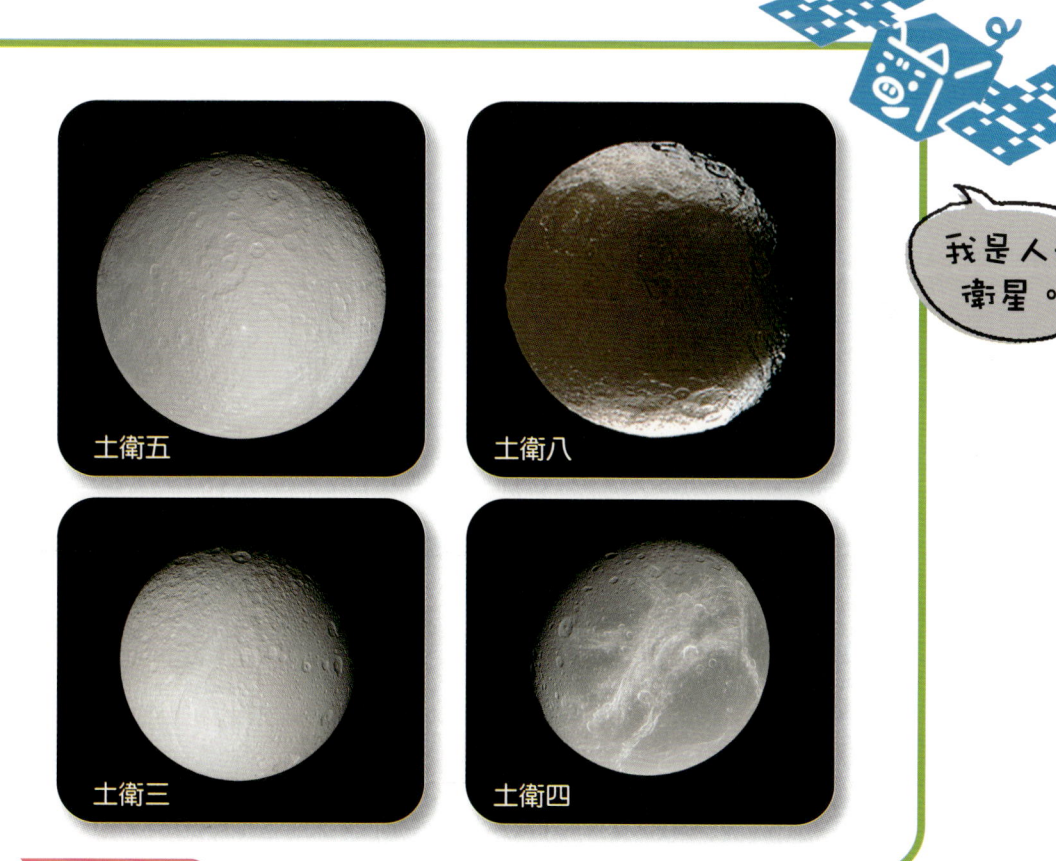

4 巨大的氣體行星和冰質行星

土衛五

土衛八

我是人造衛星。

土衛三

土衛四

想知道更多
土衛六的地底下可能有液態水形成的海遍布整個地殼。

109

08 土星的衛星土衛二可能有生命存在

在地球以外的地方，真的會有生命存在嗎？

對於生命來說，水應該是不可或缺的要素，因此探索有液態水的地方似乎就成為發現生命的捷徑了。

土星的衛星土衛二是顆半徑大約250公里的天體，它的內部可能有液態水形成的海。

土衛二的表面被冰覆蓋著。這種大小的冰天體，它的內部通常是冰凍狀態。但是，或許由於土星的強大重力，使得土衛二的內部產生熱能，冰可能被融化了。如果有水的話，當然就可能有生命存在。

實際上，目前也已經確認了，在土衛二的表面有噴泉及有機物等等，所以很有希望能發現生命。

> 說不定會發現我們的同伴哦！

想知道更多

在木衛二的表面也發現了水噴出的遺跡。

巨大的氣體行星和冰質行星

土衛二的內部

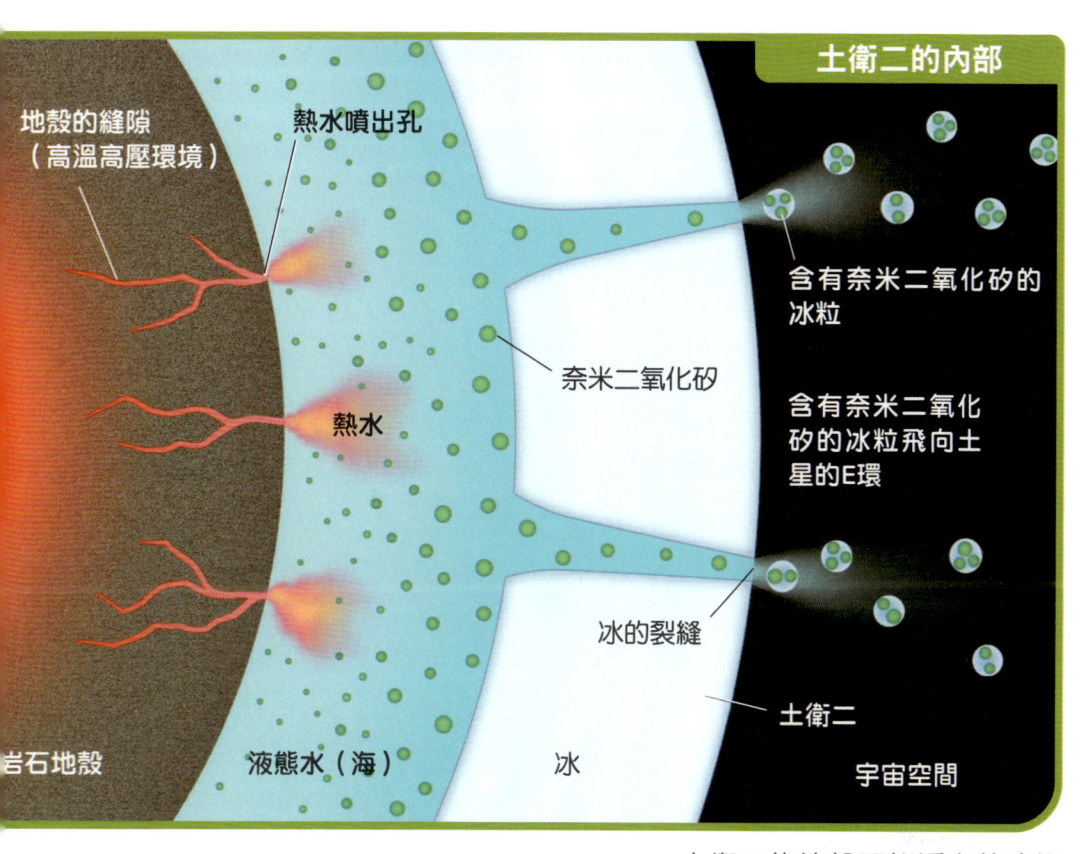

- 地殼的縫隙（高溫高壓環境）
- 熱水噴出孔
- 熱水
- 奈米二氧化矽
- 含有奈米二氧化矽的冰粒
- 含有奈米二氧化矽的冰粒飛向土星的E環
- 冰的裂縫
- 土衛二
- 岩石地殼
- 液態水（海）
- 冰
- 宇宙空間

土衛二的地殼可能遍布著液態水形成的海。水滲入地殼的縫隙，被內部的熱加溫成熱水。海的外側被衛星的冰包覆著，從冰層裂縫噴出含有奈米二氧化矽的水（冰）。這些冰粒飛向土星的E環。

冰天體土衛二

土衛二的南半球有好幾個冰的裂縫。NASA的探測器「卡西尼號」觀測到，這些裂縫除了噴出水之外，還會噴出甲烷、一氧化碳、二氧化碳、乙烯、丙烯等有機物。

下課時間

在土星上也能看到極光嗎？

地球的極光是發生在靠近北極和南極的極區。同樣地，土星的極區也會發生極光。

不過，地球的極光可以用肉眼看到，土星的極光則看不到。原因就在於大氣中的分子。地球的大氣含有大量的氮和氧，土星的大氣則幾乎都是氫。

極光是太陽風（第36頁）裡的粒子撞擊極區的大氣分子，使這些分子放出電磁波而發光的現象。氮和氧放出肉眼可以看到的可見光，氫則放出紫外線和紅外線。因此，如果想看到土星的極光，就需要「能看到」這些光的裝置。

> 雖然肉眼看不到，但它們確實在發光哦！

在土星南北極區同時發光的極光。只有利用紫外線等才能看到，這在木星也是一樣。

利用紅外線看到的土星極光。把氫離子放出的光著上綠色，使它顯現出來。

09 天王星是躺著自轉的冰質巨行星

　　天王星是太陽系中的第三大行星，內部混雜著氨、水、甲烷。因為擁有很厚的冰層，所以被稱為冰質巨行星。

　　天王星的大氣含有氫和甲烷。甲烷會吸收陽光中的紅橙色光，只會反射剩下的藍綠色光，所以天王星呈現藍綠色。

　　天王星還有一個特徵，就是它的自轉軸是傾倒著。

天王星 Uranus

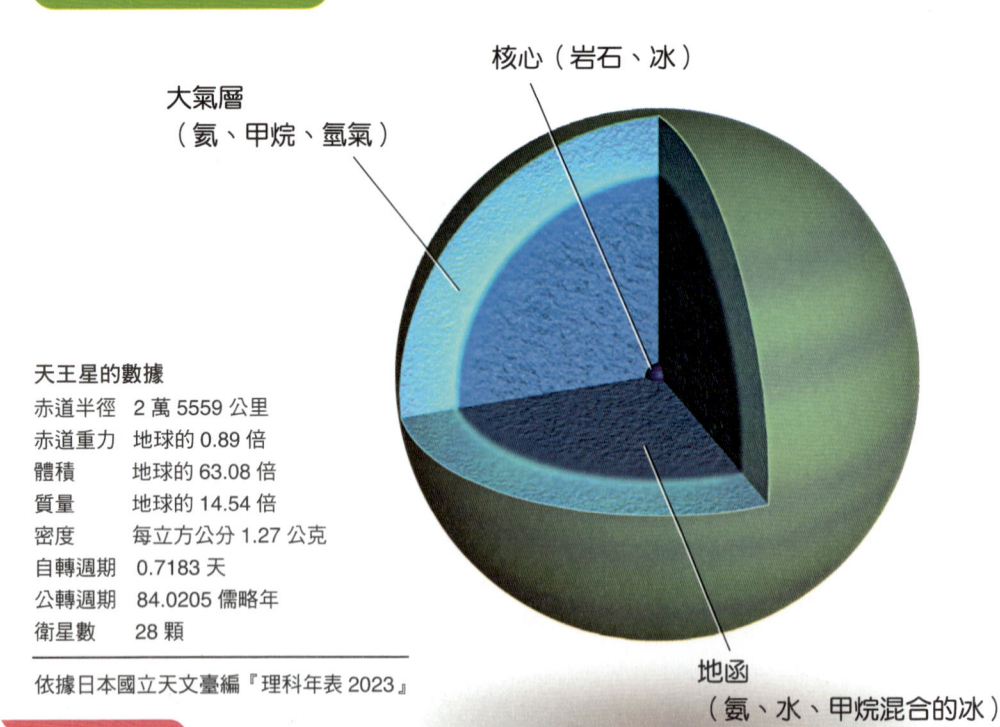

大氣層
（氦、甲烷、氫氣）

核心（岩石、冰）

地函
（氨、水、甲烷混合的冰）

天王星的數據

赤道半徑	2 萬 5559 公里
赤道重力	地球的 0.89 倍
體積	地球的 63.08 倍
質量	地球的 14.54 倍
密度	每立方公分 1.27 公克
自轉週期	0.7183 天
公轉週期	84.0205 儒略年
衛星數	28 顆

依據日本國立天文臺編『理科年表 2023』

想知道更多

天王星的大氣也有像木星一樣的東西方向的噴射氣流，而且可以看到條紋圖案。

公轉週期是天王星的「1天」

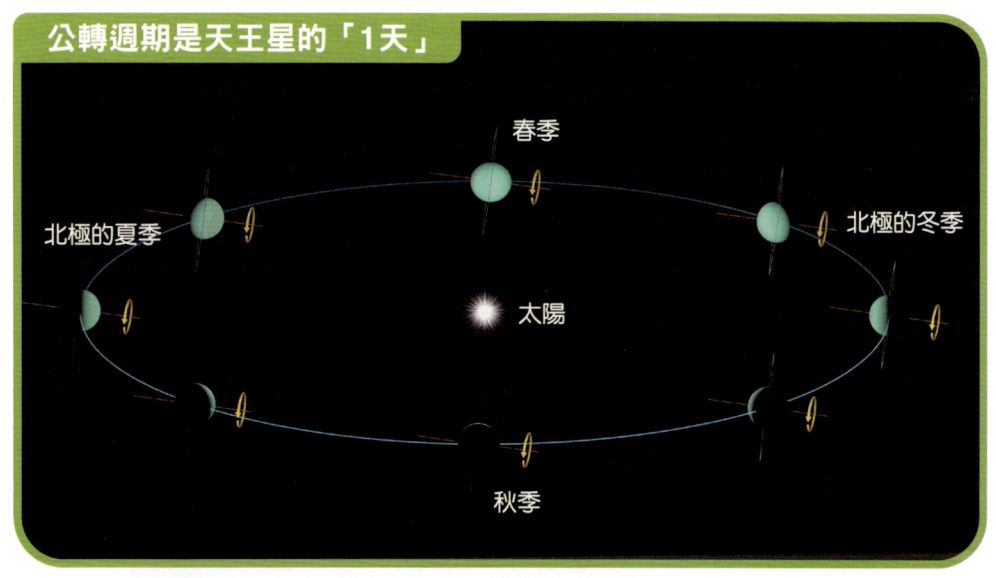

北極的夏季　春季　北極的冬季　太陽　秋季

天王星的自轉軸傾斜97.8度，所以不像地球自轉軸旋轉一圈而反覆出現一次白天和夜晚便是「1天」。天王星在太陽照射到的「白天」的部分變成太陽照射不到的「夜晚」又再度回復「白天」的這段期間，會環繞太陽運行一圈。這個週期大約84年。

> 在天王星上也發現了暗淡的旋渦哦！

天王星也有環

哈伯太空望遠鏡拍攝的13道環。左邊為2003年、右邊為2005年的樣貌。環也和自轉軸一樣是橫躺著。

4 巨大的氣體行星和冰質行星

10 天王星是在古時候被其他天體撞到才傾倒的嗎？

天王星的自轉軸為什麼會橫躺著呢？

最初，天王星的自轉軸可能也和其他行星一樣，是大致垂直於公轉面。

假設曾經有那麼一天，一顆像行星一般大小的天體撞上

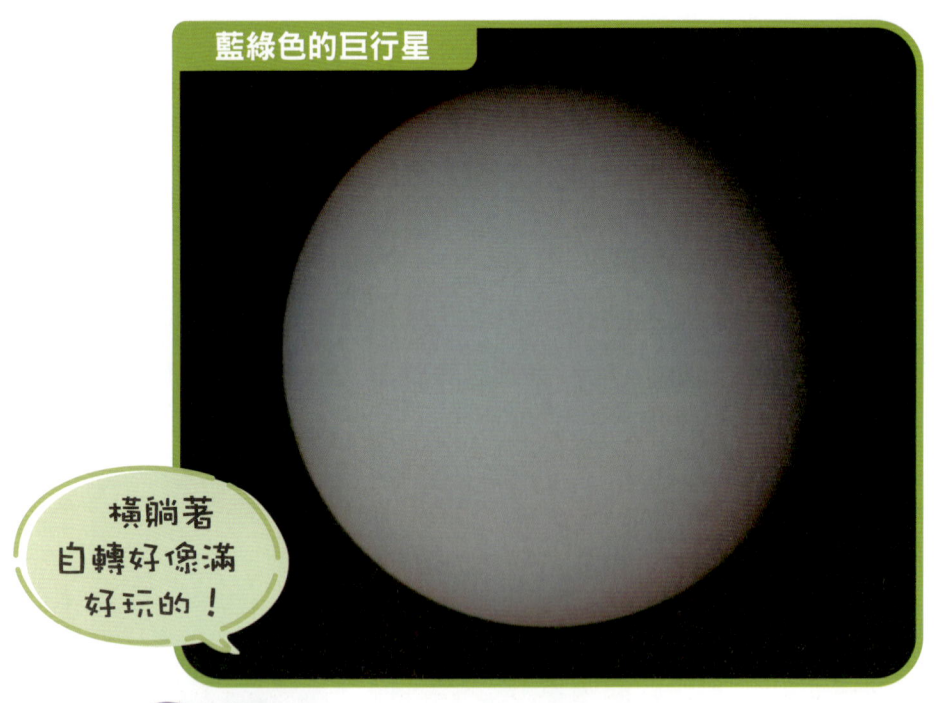

藍綠色的巨行星

> 橫躺著自轉好像滿好玩的！

NASA的探測器「航海家2號」在距離910萬公里的地方拍攝的天王星。呈現藍綠色的大氣有些時候會降到零下195℃。因為離地球太遠，絕大部分地區都還沒有派遣探測器去進行探測，留下許多謎團有待解開。

想知道更多

天王星的衛星大多沿著環所在的赤道面繞轉。

了天王星，會發生什麼情況呢？如果撞擊的位置是在天王星的某一側邊，因此造成自轉軸傾倒，也是有可能的吧！

行星大小的天體應該會在這次撞擊中粉身碎骨。可是，如果假設這個時候產生的碎片、冰與水蒸氣，後來形成了天王星的環，好像也能說明環為什麼也是橫躺著。

根據最近的研究得知，在太陽系剛誕生的時候，經常發生行星大小的天體互相撞擊的事件，所以這個說法被認為是最有力的說法。

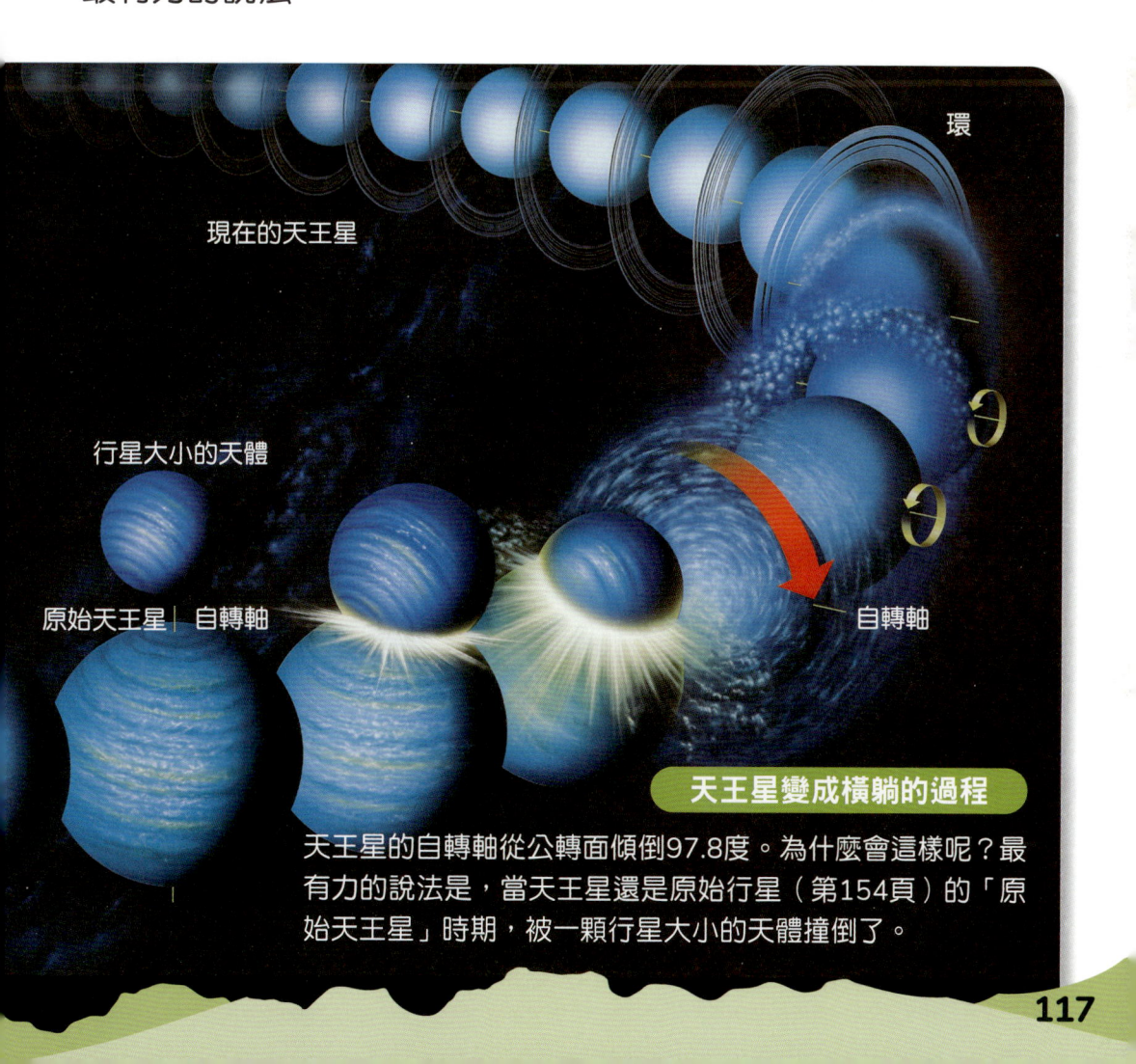

天王星變成橫躺的過程

天王星的自轉軸從公轉面傾倒97.8度。為什麼會這樣呢？最有力的說法是，當天王星還是原始行星（第154頁）的「原始天王星」時期，被一顆行星大小的天體撞倒了。

11 影像藝廊
探測器探訪**天王星**的衛星

天王星擁有28顆衛星，全都沿著傾倒的環在繞轉。
「航海家2號」飛到非常靠近的距離，觀察了其中5顆主要衛星的樣貌。

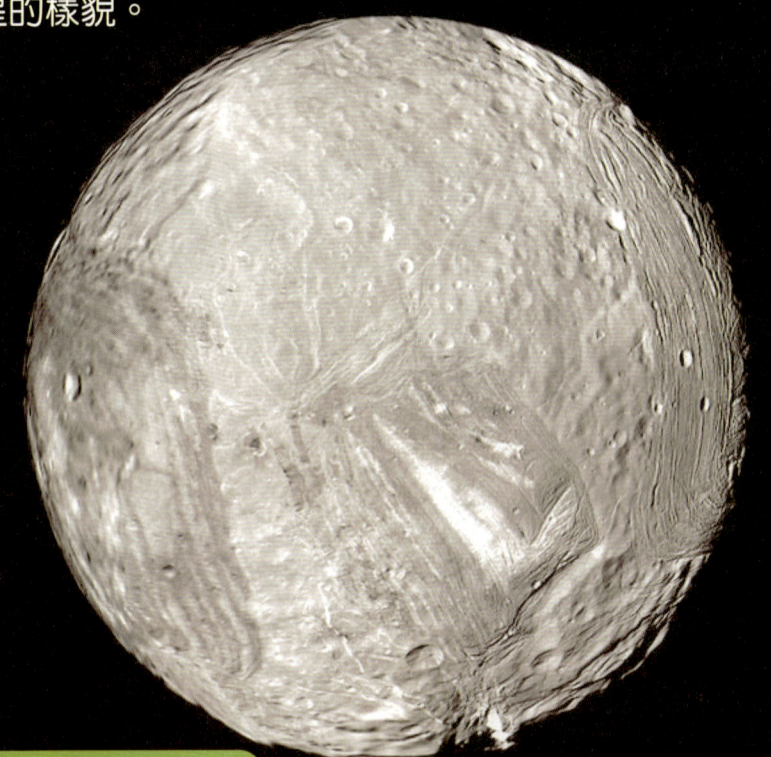

滿布「疤痕」的天衛五

NASA的探測器「航海家2號」拍攝的天衛五。半徑約236公里。表面布滿了好像用什麼巨大器具抓耙過的地形，以及深達20公里左右的溝槽。這些地形是如何形成的呢？至今仍是個大謎團。

想知道更多

天衛三和天衛四發現於 1787 年，是最早發現的冰質巨行星的衛星。

4 巨大的氣體行星和冰質行星

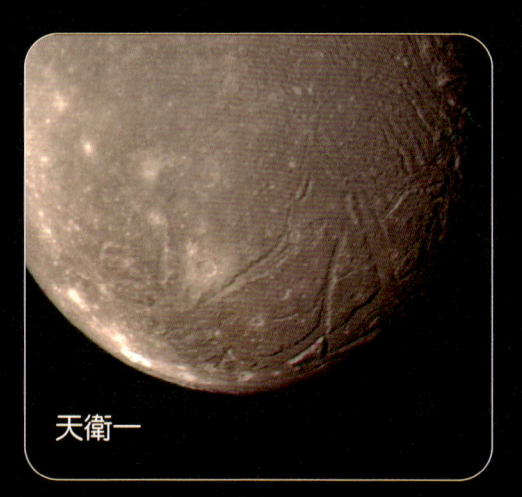

天衛一

航海家2號拍攝的天衛一。半徑約579公里。圖像為南半球。可以看到覆蓋整個表面的隕石坑和巨大峽谷。

天衛四

布滿隕石坑的天衛四。左下方邊緣（箭頭所指處）隆起的地方是一座6000公尺高的山。

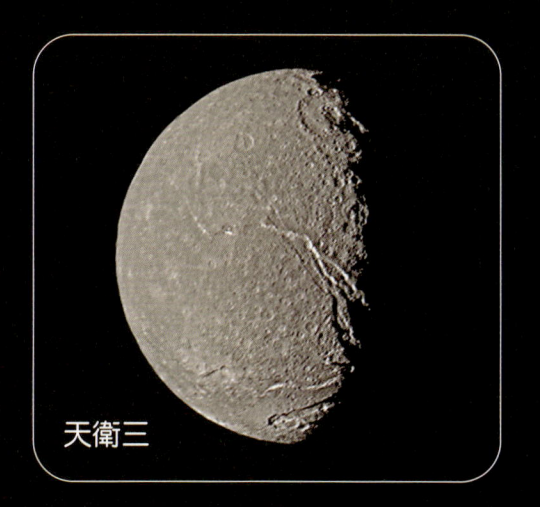

天衛三

天王星的衛星當中最大的一顆。半徑約789公里。整體布滿了隕石坑，還有又深又長的峽谷。

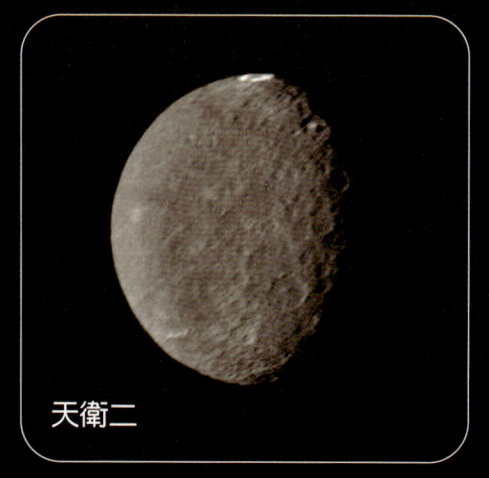

天衛二

航海家2號拍攝的天衛二。半徑約585公里。圖像為南半球。5顆衛星當中最暗的一顆。

> 疤痕可不是我抓的哦！

12 海王星是太陽系中最外圍的冰質巨行星

　　海王星是在距離太陽最遠的軌道上繞轉的行星，公轉週期大約165年。

　　內部有厚厚的冰層，所以被稱為「冰質巨行星」。大氣中的甲烷會吸收紅橙色的光，反射藍光，所以看起來是藍色。這些性質都和天王星非常相似。

　　不過，海王星的表面有著劇烈的變化。在大氣的上層部分，會有巨大的旋渦突然出現又突然消失。

海王星 Neptune

核心（岩石、冰）

大氣層（氦、甲烷、氫氣）

海王星的數據
赤道半徑　2萬4764公里
赤道重力　地球的1.12倍
體積　　　地球的57.74倍
質量　　　地球的17.15倍
密度　　　每立方公分1.64公克
自轉週期　0.67天
公轉週期　164.79儒略年
衛星數　　16顆

依據日本國立天文臺編『理科年表2023』

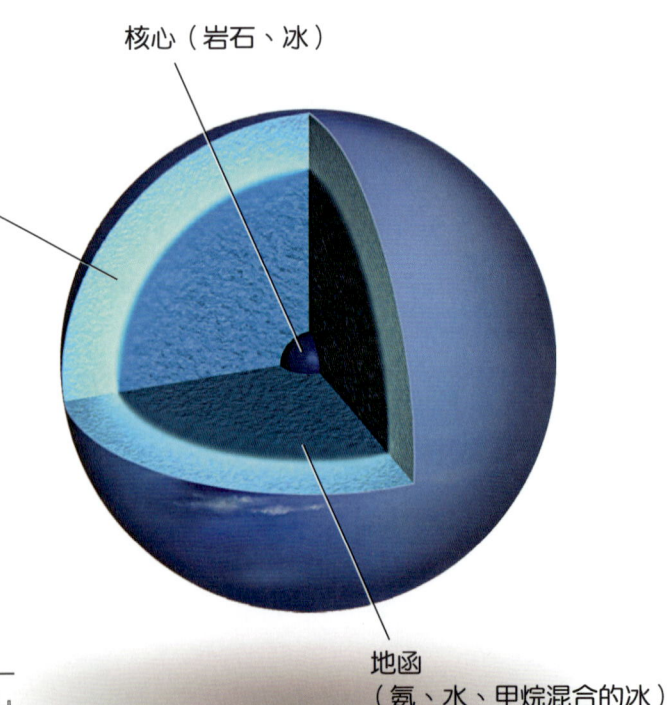

地函（氨、水、甲烷混合的冰）

巨大的旋渦「大暗斑」

4 巨大的氣體行星和冰質行星

1989年在海王星表面發現的「大暗斑」插圖。大暗斑是一個以秒速300公尺的速度往西移動的高氣壓旋渦，可能比周圍稍微隆起一些。後來，在1994年消失了，但立刻出現其他圖案。海王星的大氣似乎會在短時間內發生劇烈的變化。

筆記
海王星的大氣層分為下層的對流層和上層的平流層。

> 這顆小膿胞也會很快消失吧？

想知道更多
在海王星表面看到的白色部分可能是甲烷雲。

13 「逆行衛星」海衛一墜落海王星的宿命

　　海王星擁有16顆衛星，其中最大的海衛一是一顆「逆行衛星」，它的公轉方向和海王星的自轉方向相反。

　　逆行衛星終究會墜落到行星上。

　　地球的衛星月球公轉方向和地球自轉方向相同，它引發地球的潮汐（第66頁），將潮汐往上往後拉。大量海水摩擦地表產生的摩擦力，會讓地球的自轉速度變慢。與此同時，地球潮汐的重力則將月球往前拉，增加月球公轉的速度，所以會一點一點地離地球越來越遠。

　　相反地，「逆行衛星」海衛一承受來自海王星的潮汐力，導致海衛一公轉的速度越來越慢，使它離海王星越來越近。所以海衛一將來一定會墜落到海王星上。

> 月球竟然離地球越來越遠啊！

筆記

海衛一和地球的月球一樣，公轉週期和自轉週期大致相同，所以始終以同一個面朝向海王星（第58頁）。

想知道更多

關於逆行的原因，最有力的說法是「海衛一在其他地方誕生，後來被海王星捕獲」。

4 巨大的氣體行星和冰質行星

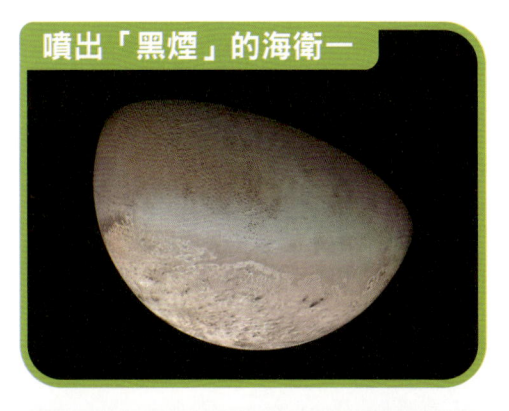

噴出「黑煙」的海衛一

航海家2號拍攝的海衛一南極側的表面。下半部有好幾道黑色條紋,看起來好像是「噴煙」。可能是海衛一地底下的氮被加熱而往外噴出時,摻雜了表面的碳化合物及氮的冰一起冒上來所形成的「黑煙」。海衛一擁有以氮為主要成分的稀薄大氣。

利用近紅外線觀測,簡直就像土星和太陽?

NASA的「詹姆斯‧韋伯太空望遠鏡」利用近紅外線拍攝的海王星和7顆衛星。海王星有5道環,其中幾道看起來很像土星環。海王星大氣中的甲烷會吸收近紅外線。另一方面,海衛一會反射70%的近紅外線,所以會像太陽一樣地發亮。

海衛一

> 要用力飛才不會掉下去～～

海衛六
海衛三
海衛四
海衛五
海衛八
海衛七

123

下課時間

行星的自轉軸傾斜程度有多大？

天王星的自轉軸幾乎是橫躺著。金星的自轉軸依照觀察的方式可以說是反轉的。自轉軸的傾斜程度，對於行星的環境有很大的影響，例如會造成四季的變化等等。太陽系所有行星的自轉軸傾斜程度如下。

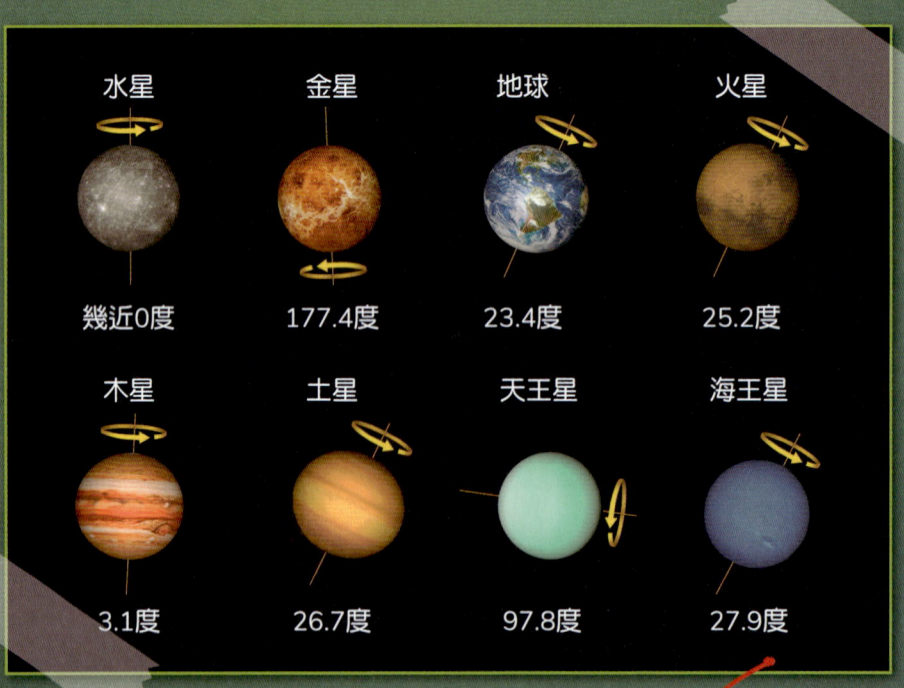

水星	金星	地球	火星
幾近0度	177.4度	23.4度	25.2度

木星	土星	天王星	海王星
3.1度	26.7度	97.8度	27.9度

各顆行星的自轉軸為什麼會變成這樣呢？其中還有很多地方並不清楚。

> 紅豬陀螺的自轉軸越來越斜！

第 5 節課

其他的太陽系天體

太陽系中還有許多既不是行星也不是衛星的天體。它們絕大部分是連名字也沒有的小型天體，但也有大家應該會比較熟悉的天體，例如「原本是行星」的冥王星、被採取樣本帶回地球的糸川小行星等等。讓我們來看看它們是什麼模樣吧！

會不會是太陽系的碎片？

01 矮行星和小天體也在太陽系中繞轉

　　太陽系中的天體，除了太陽（恆星）之外，可以分類為行星、衛星、矮行星、太陽系小天體（第26頁）。

　　行星必須滿足下方的筆記所列出的3個條件。如果是符合1和2但沒有符合3的天體，稱為矮行星。衛星是環繞行星公轉的天體。其他的天體稱為太陽系小天體，但位於海王星外側的天體特別稱為海王星外天體。

> **筆記**
> 行星的條件主要有3個：1.環繞太陽公轉。2.大致呈球形。3.公轉軌道附近沒有其他天體（除了它的天然衛星之外，已清除其他大小相當的天體，在引力上占主導地位）。穀神星的軌道位於小行星帶，冥王星是鬩神星等冥族小天體的其中一顆，所以不符合第3個條件。

衛星

地球的衛星
木星的衛星
海王星的衛星
天王星的衛星
火星的衛星
土星的衛星

＊圖中顯示的衛星是全部衛星的一部分。

5 其他的太陽系天體

行星

類地行星

水星　金星　地球　火星

氣體巨行星、冰質巨行星

木星　土星　天王星　海王星

矮行星

冥族小天體

穀神星　冥王星　冥衛一　冥衛二　冥衛三　鬩神星　鬩衛一　妊神星　妊衛一　妊衛二　鳥神星

太陽系小天體

小行星（愛神星）

彗星（威爾特2號彗星的彗核）

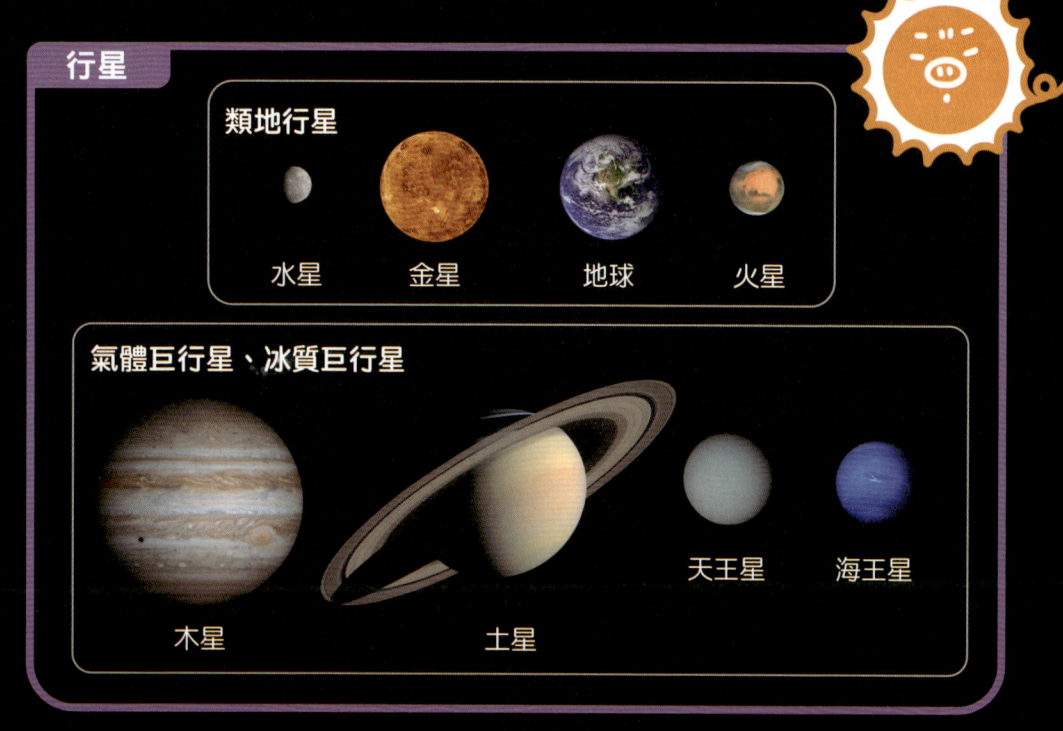

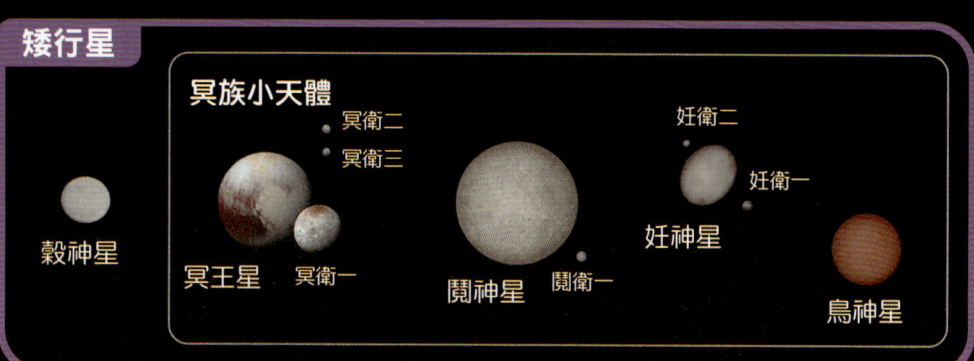

海王星外天體

> **想知道更多**
> 行星的條件（定義）是依照 2006 年國際天文學聯合會的決議。

02 曾經是「第9顆行星」的冥王星被重新歸類為矮行星

冥王星自從1930年被發現之後，一直被當成「第9顆行星」。後來根據新的行星條件（第126頁），變成了一顆矮行星。不過，從以前就有人質疑「冥王星真的是行星嗎」？

例如，冥王星的大小只有地球衛星月球的三分之一左

冥王星和它的衛星群

NASA的探測器「新視野號」拍攝的冥王星和冥衛一、冥衛二、冥衛三。冥王星距離地球大約59億公里，半徑約1188公里。另一方面，冥衛一的半徑約606公里，達到冥王星的一半左右。

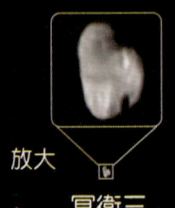

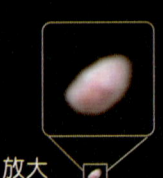

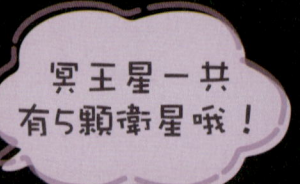

放大 冥衛三
放大 冥衛二
冥衛一

冥王星一共有5顆衛星哦！

編註：在太陽系，行星軌道的傾角被定義為行星的軌道平面與黃道面（地球繞太陽公轉的軌道平面）的夾角。

右。而且，它的公轉軌道相當傾斜（與黃道面夾角超過17度）^編註，跟太陽系的其他行星非常不同。

由於後來又發現了好幾顆和冥王星差不多大小的天體，再加上種種因素，才決定把冥王星重新分類為「矮行星」。

> **筆記**
>
> 冥王星的內部是厚水冰層包覆著主要由岩石構成的核心。星球表面溫度為零下 230～210℃，並且擁有主要由氮組成的稀薄大氣。表面可能有氮的冰川（第 131 頁）。

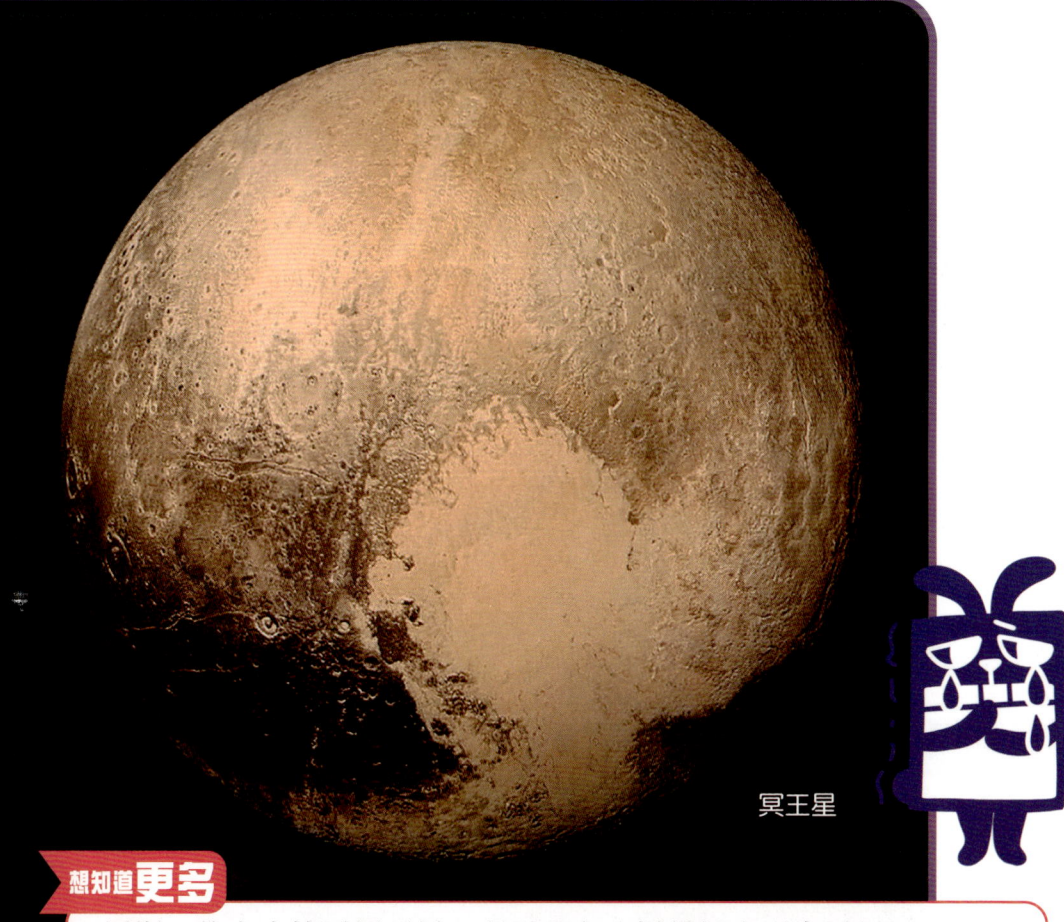

冥王星

想知道更多
冥衛一的大小接近冥王星，所以也有人提議把它列為矮行星。

03 影像藝廊
探測器拍攝的冥王星

冥王星距離地球太遠了,所以它的面貌幾乎不為人知。

我們趕緊來看看,「新視野號」首度拍攝到的冥王星的樣貌吧!

1. 似乎是冰川的地形

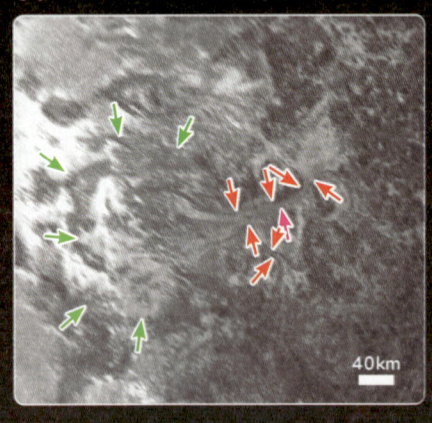

40km

氮的冰川究竟長什麼樣子呢?

> **想知道更多**
> 冥王星的大氣的主要成分為氮,大氣壓只有地球的 10 萬分之一左右。

5 其他的太陽系天體

冥王星的地圖

2. 像蛇皮一樣的地形

3. 好像窪地的地形

擁有各種地形的冥王星

根據「新視野號」的觀測資料製成的冥王星的表面。把編號的地區放大來看，在1可以看到似乎是冰川的條紋（紅色箭頭之間）。在非常寒冷的冥王星上，如果有冰川，或許冰川前端（綠色箭頭）的氮會蒸發，落回到冰川上游又形成冰川，如此構成了氮的循環流動。除此之外，還發現了像蛇皮一樣的地形（2）和具有許多窪地的地形（3）等等。

04 太陽系中的5顆矮行星 分為**穀神星**和**冥族小天體**

太陽系中，被歸類為矮行星的天體有穀神星、冥王星、鬩神星、鳥神星、妊神星這5顆（另有5顆候選矮行星：共工星、創神星、亡神星、賽德娜和薩拉西亞）。

其中，只有穀神星是在火星和木星之間的軌道上繞轉。穀神星的軌道和「小行星帶」重疊，所以不符合行星條件（第126頁）的第3項。

另一方面，其他4顆矮行星都是在海王星外側的軌道上繞轉，所以被歸類為「冥族小天體」。冥族小天體的軌道都很靠近，也是不符合行星條件的第3項。在海王星的外側繞轉的冥族小天體也屬於「海王星外天體」（第138頁）。

筆記

鬩神星是一顆比冥王星更大的天體，2005年時從2003年拍攝的相片中被發現。當時冥王星仍被歸類為行星，所以鬩神星的發現令人開始重新思考「如何定義行星」？

> 穀神星是在1801年發現的哦！

想知道更多

妊神星的自轉週期非常快，只有4個小時，所以變成朝赤道方向膨脹的形狀。

冥王星以外的矮行星

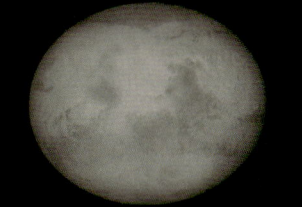

妊神星
大小：1138×1704×2322公里

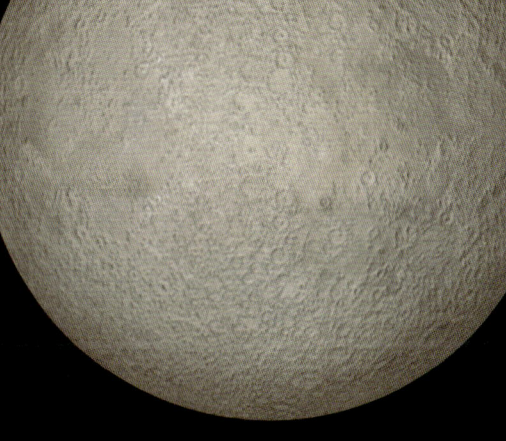

鬩神星
直徑：2326公里

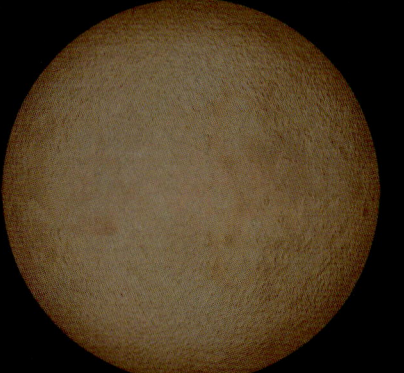

鳥神星
直徑：1400公里

穀神星
直徑：939公里

穀神星的圖像是NASA的探測器「黎明號」（曙光號）拍攝的影像。其他是根據截至目前為止的觀測資料推想的插圖。穀神星是在距離太陽大約4億公里的地方，以大約4年半的週期在公轉。鬩神星、鳥神星、妊神星的公轉軌道並不是正圓形，距離太陽最近的地方大約50億～60億公里。

05 小行星帶擠滿了小行星

不符合行星、衛星、矮行星條件的「太陽系小天體」之中，有一種「小行星」。

大多數小行星聚集在火星和木星的軌道之間的「小行星帶」。其中有60萬顆以上已經加上了編號，並且確認了軌道，但還有數十萬顆還沒有加上編號。

小行星還保留著太陽系剛誕生時的樣貌，因此成為了解太陽系歷史的線索，而受到世人的注目。

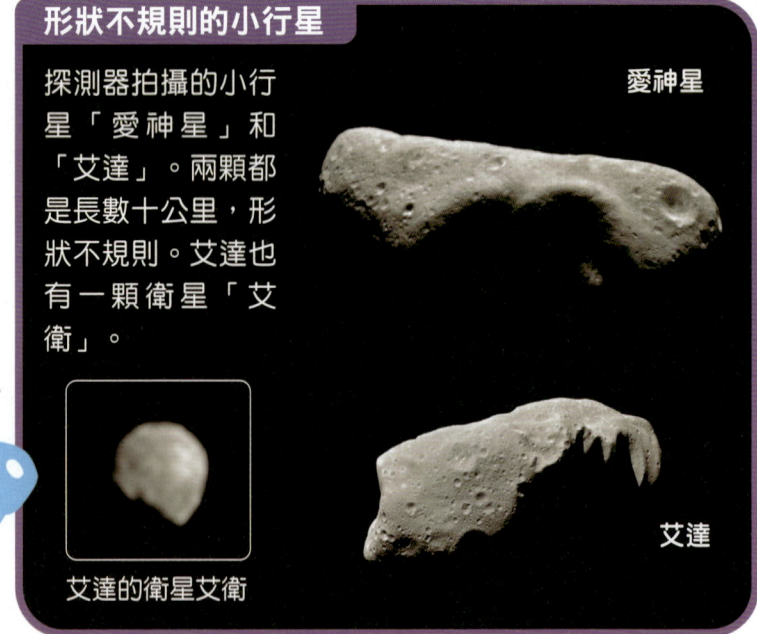

要是掉下來，可就嚴重了！

形狀不規則的小行星

探測器拍攝的小行星「愛神星」和「艾達」。兩顆都是長數十公里，形狀不規則。艾達也有一顆衛星「艾衛」。

愛神星

艾達

艾達的衛星艾衛

想知道更多
同一「族」的小行星可能是由同一顆原始行星破碎而形成。

木星軌道上的小行星

D型小行星較多的區域（綠）

C型小行星較多的區域（青）

S型小行星較多的區域（紅）

火星軌道

木星軌道

太陽

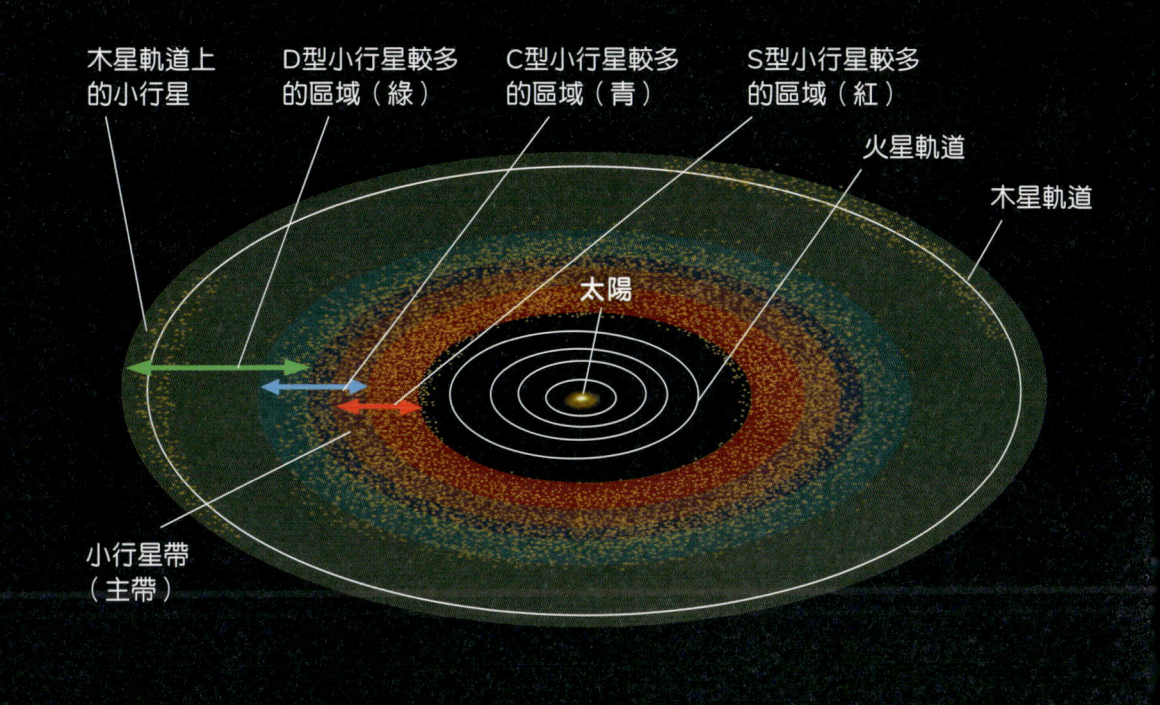

小行星帶（主帶）

天文單位 6 5 4 3 2 1 0

被分類為「族」的小行星

小行星之中，在相似的軌道上繞轉的群體稱為「族」。同一族的小行星也具有相似的型態，例如含岩石較多的S型、含碳較多的C型、含有機物較多的D型等等。小行星帶也稱為主帶，以區別海王星軌道之外許多小天體形成的「古柏帶」（第139頁）。

和太陽系的歷史有關哦！

筆記

關於小行星的形成方式，有兩種主要的說法。1. 太陽系剛誕生的時候，微行星（第155頁）互相撞擊合併而逐漸變大，其中有一些沒能成長為行星，於是殘留下來成為小行星。2. 有些天體在成長為大型天體後，又遭到撞擊而碎裂，碎片成為小行星。

06 人類成功地取得小行星的碎片

　　日本JAXA的探測器「隼鳥號」在2010年6月成功地把在比小行星帶更靠近地球的軌道上繞轉的小行星「糸川」的碎片（樣本）帶回地球。這是人類第一次從月球以外的天體取得其表面的樣本。

　　後來，探測器「隼鳥2號」也在2020年12月從糸川附近軌道上繞轉的小行星「龍宮」帶回樣本。

　　從糸川和龍宮的樣本中，獲得了非常重要的線索，幫助我們解答水及生命從哪裡來等謎題。

　　或許，也能解答有生命存在的地球的形成方式。

> **筆記**
>
> 隼鳥號在2003年9月發射，在2010年6月把取得的樣本帶回地球後，便結束了任務。隼鳥2號2014年12月發射，2020年12月把裝著樣本的膠囊艙投放到地球上後，飛向另一顆小行星。

想知道更多

2023年9月，NASA的「歐塞瑞斯號」也從小行星「貝努」帶回了樣本。

糸川和它的碎片

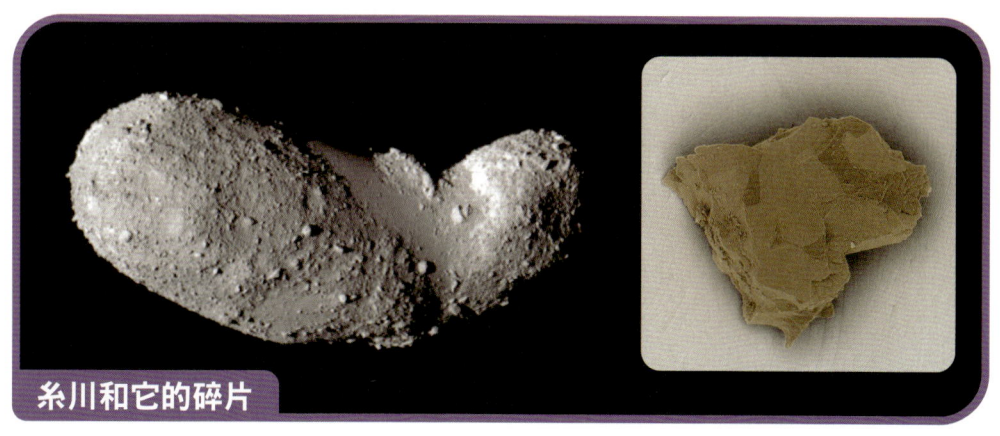

左圖為糸川的樣貌。右圖為「隼鳥號」帶回地球的糸川的樣本（利用電子顯微鏡觀看的岩石碎片）。調查S型（第135頁）小行星糸川的樣本的結果，得知其中含有的水分比預估更多。這對於解答「地球的水是從哪裡來的呢？」這個謎題提供了重大的線索。

龍宮的碎片　左邊為第一次，右邊為第二次取得的樣本。

「隼鳥2號」成功地取得了小行星「龍宮」內部沒有被太陽風等「風化」的岩石和沙土。C型小行星龍宮的樣本含有胺基酸及碳酸水。這或許有助於解答「生命是從哪裡來的呢？」這個謎題。

> 隼鳥號在大氣層中完全燃燒而結束任務了！

5 其他的太陽系天體

137

07 海王星的外側有無數的海王星外天體

　　太陽系小天體之中,在海王星外側繞轉的天體稱為「海王星外天體」。

未能成為行星的小天體集團?

插圖是海王星外天體的想像圖。在說明行星是如何形成的天文學模型中,離太陽越遠的地方,成長為行星的時間越久。所以,目前最有力的說法是,海王星外天體是還沒成長為行星之前就沒有了原料,以至於停止成長的小天體集團。

土星
木星
天王星

想知道更多

距離太陽超過 50 天文單位,小天體變得非常稀少,原因尚待查明。

5 其他的太陽系天體

　　海王星外天體也稱為「艾奇沃斯‧古柏帶天體」，這些天體被發現的地方，集中在距離太陽30～50天文單位的一個帶狀區域。海王星的軌道位於距離太陽30天文單位的地方，它的外側還有矮行星冥王星和鬩神星等冥族小天體（第132頁）在繞轉，這些天體也是海王星外天體的成員。

　　目前已經發現了4100顆左右的海王星外天體。

海王星

筆記

「艾奇沃斯‧古柏帶天體」這個名稱源自愛爾蘭天文學家艾奇沃斯和荷蘭裔美國天文學家古柏，他們分別在1943年與1951年預測了海王星外側有主要由冰構成的天體群。

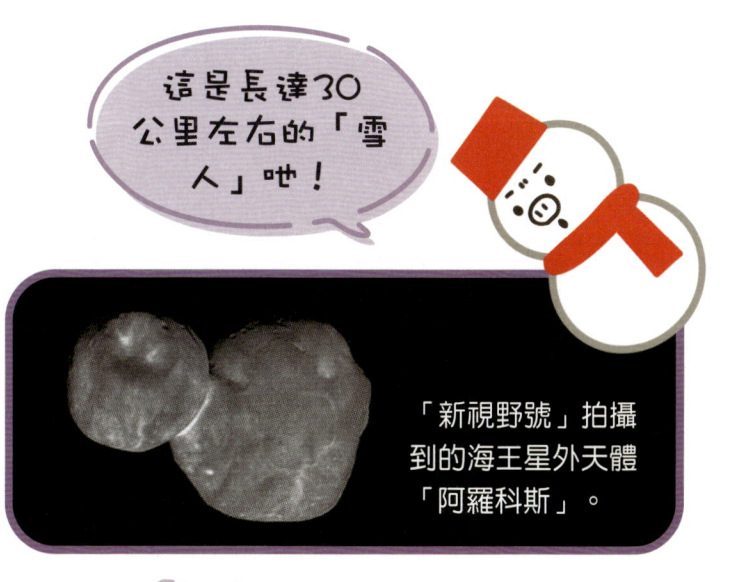

這是長達30公里左右的「雪人」吧！

「新視野號」拍攝到的海王星外天體「阿羅科斯」。

08 髒汙的雪球在接近太陽時變成伸出明亮尾巴的彗星

　　夜空有時候會出現拖著長長「彗尾」的明亮「彗星」。彗星是太陽系小天體的一種，也被稱為「掃把星」。彗星為什麼會拖著尾巴呢？原因在於它的本體。

　　彗星的本體稱為「彗核」，平均大小只有數公里，由摻雜著沙粒狀微塵的水冰構成，宛如一顆髒汙的雪球。

　　這顆彗核在靠近太陽時，表面的冰被蒸發，和微塵一起噴出來。這些噴出物受太陽風的影響往後流動，於是形成拖著尾巴的彗星。彗星環繞太陽運轉，週期較短的只有幾年，較長的可達數百年。

筆記
短週期彗星可能原本是在海王星外側繞轉的海王星外天體，由於某種原因而朝向太陽飛過來。彗星環繞太陽的軌道形狀各不相同，有些是扁平的「橢圓」，有些是拋出物體時形成的「拋物線」等等。

> 彗尾的方向依太陽風吹的方向而定哦！

想知道更多
彗星之中，也有一些是沿著「雙曲線」的軌道環繞太陽運轉。

5 其他的太陽系天體

彗核

ESA（歐洲太空總署）的探測器「羅塞塔號」拍攝的「楚留莫夫－格拉希門克彗星」的彗核。左側較大部分的直徑達到4公里。

彗星拖著彗尾的原因

彗星
放大
噴出氣體及微塵
彗核

彗核靠近太陽時，朝向太陽那一側的表面的冰會被蒸發。蒸發的氣體和微塵一起噴出，在彗核的周圍形成了明亮的「彗髮」。氣體受到太陽風的吹襲，於是朝太陽的反方向拉出彗尾。

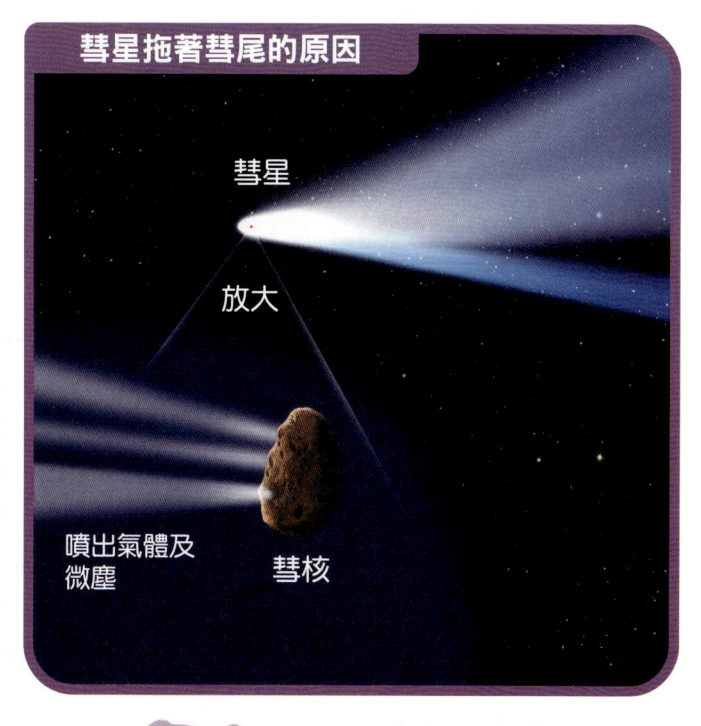

141

09 「沙粒或岩塊」衝入大氣層會變成在夜空閃耀的流星

我們經常會看到「這個月可以看到獅子座流星雨」這樣的新聞。

所謂的「流星」，是指在太陽系中飄浮的沙粒或岩塊狀小天體衝入地球大氣層，燃燒完畢之前發光的景象。形成流星的「流星體」，大小約0.003公分～100公分，平均重量（質量）不到1公克（新臺幣1元硬幣的4分之1）。其實只要0.001公克的宇宙微塵，就可產生閃亮的流星。因為流星進入地球大氣層時的相對速度很大（秒速30公里），因此即使質量很小，所釋放出來的能量仍然足以在天邊劃出一道亮光。

這些物體衝入大氣層之後，會在高度150～50公里的範圍，和大氣發生摩擦而完全燃燒。

衝入大氣層的量，據估計，一天可達到數十公噸。

數量格外龐大的流星雨會被稱為「流星暴」，每小時出現的流星可能超過1,000顆。

> **筆記**
> 每年定期出現的流星集團稱為「流星雨」。從地面看去，會看到許多流星從某個點（輻射點）朝四面八方放射出去的景象。「獅子座流星雨」等名稱就是指輻射點位於某個星座。

想知道更多
流星之中，特別明亮的稱為「火流星」。

5 其他的太陽系天體

彗星的微塵形成流星雨

彗星噴出的微塵殘留在宇宙空間，在彗星的軌道上形成「微塵帶」。如果這個微塵帶和地球的公轉軌道有重疊的地方，地球就會在某個時候衝入微塵帶。這麼一來，就會有大批微塵衝入地球的大氣層而發生流星雨。

也有獵戶座流星雨哦！

微塵帶
在彗星的軌道附近，殘留著彗星先前噴出的無數微塵。這些微塵也在做公轉運動。

太陽

如果地球衝入微塵帶，就會觀測到流星雨。

地球的軌道

地球

彗星

10 沒有完全燃燒的流星會掉落地面成為隕石

　　流星通常會在地球的大氣層中完全燃燒，但其中也有一些還沒燒光就掉落到地面，這種小天體稱為「隕石」。

　　隕石可以大致分為3類：主要由岩石構成的「石質隕石」、主要由鐵構成的「鐵質隕石」、夾雜著岩石和鐵的「石鐵隕石」。

殘留在地球上的隕石坑

位於美國亞利桑納州的「巴林傑隕石坑」，直徑約1.2公里，深度約200公尺。如果是巨大的小天體掉落地面，便會造成這樣的隕石坑。地球上的隕石坑可能絕大多數都被風化而消失了，留存到現在而被確認的隕石坑約有200個。

想知道更多

在地球上發現的隕石，絕大多數是以岩石為主要成分的石質隕石。

據估計，1年有2萬顆100公克以上的小天體掉落到地面成為隕石，但實際上被發現的只有少數幾顆而已。

在地球上發現的隕石

1969年掉落在澳洲的「默奇森隕石」，屬於石質隕石中的球粒隕石，含有胺基酸等有機物。研究隕石可以從中獲得太陽系剛誕生時的資訊，以及了解生命和太陽系歷史的線索。

5 其他的太陽系天體

好痛！是隕石嗎？

下課時間

太陽系的邊界在什麼地方？

天文學家將太陽風能夠吹到的範圍稱為「太陽圈」，最遠可以吹到距離太陽大約100天文單位的地方。那麼，那裡就是太陽系的邊界嗎？

事實上，在距離太陽1萬～10萬天文單位的地方有一個「歐特雲」，是以長週期繞著太陽運轉的彗星的「巢穴」。那裡也是我們所知道的太陽系的邊界。

> 航海家號已經飛出太陽圈了哦！

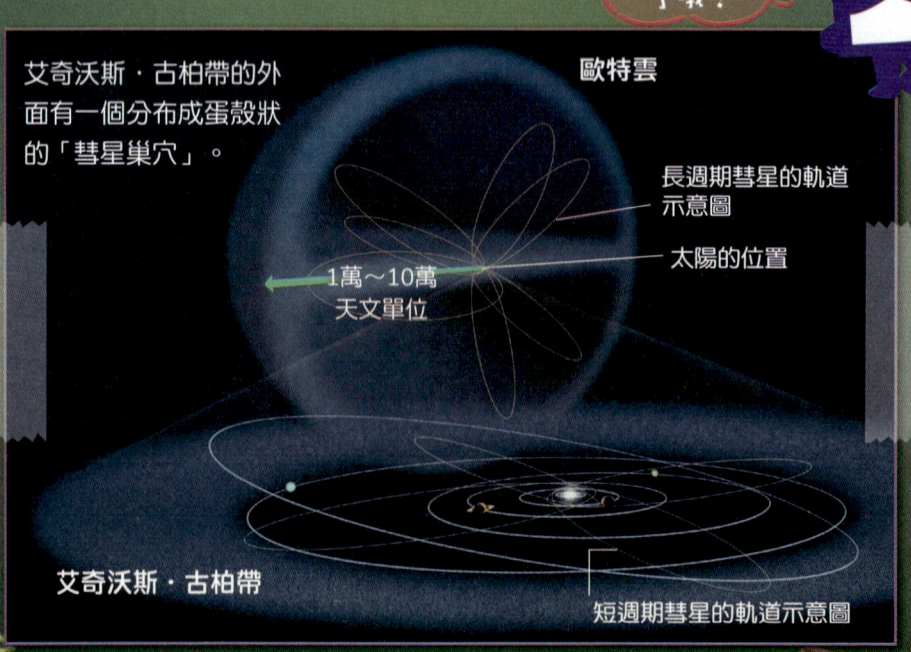

艾奇沃斯·古柏帶的外面有一個分布成蛋殼狀的「彗星巢穴」。

歐特雲

長週期彗星的軌道示意圖

太陽的位置

1萬～10萬天文單位

艾奇沃斯·古柏帶

短週期彗星的軌道示意圖

第 **6** 節課

太陽系的誕生到死亡

我們居住的太陽系究竟是怎麼形成的呢？如果回溯它的歷史，可以追溯到某個氣體團塊。太陽和行星是如何從這個氣體團塊中誕生的呢？還有，太陽和太陽系未來會變成什麼模樣呢？

我們的祖先是氣體？

01 宇宙在138億年前誕生，然後產生無數顆恆星

　　宇宙在大約138億年前誕生，當時的體積比原子還小。

　　剛誕生不久，宇宙立刻以驚人的速度膨脹起來，轉變成由粒子密集組成的高溫、高密度的「火球」般宇宙。

　　之後，宇宙仍然繼續膨脹，但溫度逐漸降低。這麼一來，粒子便結合成為原子，原子聚集而成為氣體。這些氣體

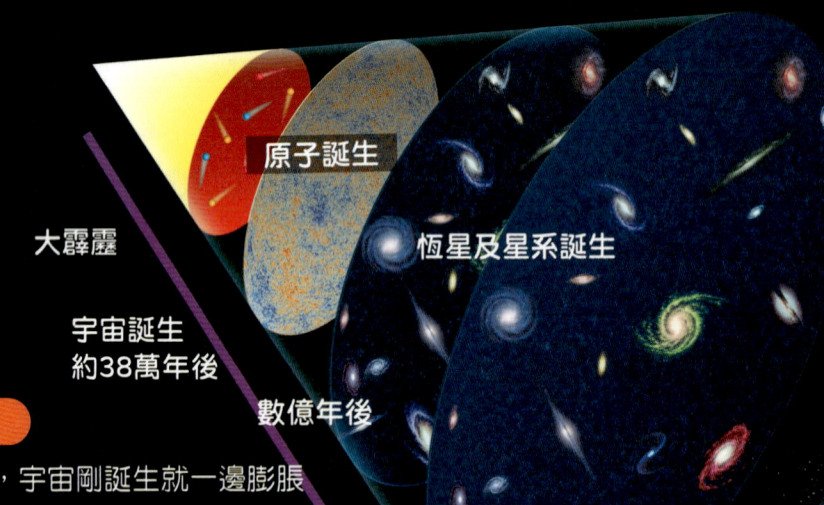

大霹靂

原子誕生

宇宙誕生約38萬年後

恆星及星系誕生

數億年後

約138億年後（現在）

宇宙的歷史

如同插圖所顯示，宇宙剛誕生就一邊膨脹一邊轉變。從稱為「大霹靂」的火球逐漸冷卻，接著產生原子（宇宙誕生約38萬年後），數億年後產生恆星和星系。我們居住的太陽系所屬的「銀河系」就是經由這個過程誕生的星系之一。

想知道更多

從星系中心往外呈螺旋形伸展的「螺旋臂」是恆星誕生的場所。

進一步集結，形成了無數顆像太陽一樣的恆星。恆星聚集在一起，就形成了下方插圖所顯示的星系。

我們的太陽系便位於其中一個星系裡面，這個星系稱為「銀河系」。

> **筆記**
>
> 銀河系是由無數顆恆星聚集而成的圓盤形星系，長度約 10 萬光年（以光的速度要跑 10 萬年的長度）。

太陽系是在大約46億年前誕生的吐！

銀河系的想像圖

銀河

核球　恆星聚集的中心膨脹部分。

太陽系的位置
距離銀河系中心大約2萬6000光年

02 「太陽的種子」在含有大量氫的氣體中誕生

太陽有可能是在氣體之中誕生的。

會這麼認為，是因為太陽的內部含有大量的氫氣。科學家在「暗星雲」這種主要由氫氣構成的天體中，發現了可能是剛誕生的星體。

所謂的暗星雲，是指其中部分區域像烏雲般黑暗的太陽系外天體。在黑暗的區域中，不僅有主要由氫組成的低溫氣體，還發現了微塵等物質。

在暗星雲裡面發現的星體，溫度比較低，可能是後來會成長為恆星的種子。科學家認為，「太陽的種子」說不定也是在這樣的氣體之中誕生的。

> **筆記**
>
> 在暗星雲裡面，可能會同時誕生許多顆星體（恆星的種子）。恆星也有生命週期，一邊成長一邊改變樣貌，最後邁向死亡（第160頁）。

太陽的內部幾乎全是氫氣和氦氣吔！

想知道更多
在暗星雲裡面發現星體，是在1965年。

6 太陽系的誕生到死亡

星體在暗星雲中誕生

在暗星雲中孕育星體的想像圖。剛誕生的星體（恆星的種子）周圍的雲被先前誕生的星體放出的紫外線吹走。但是，只有恆星的種子沒有被吹走，殘留在雲的前端部位。

恆星的種子（前端部位）

恆星的種子

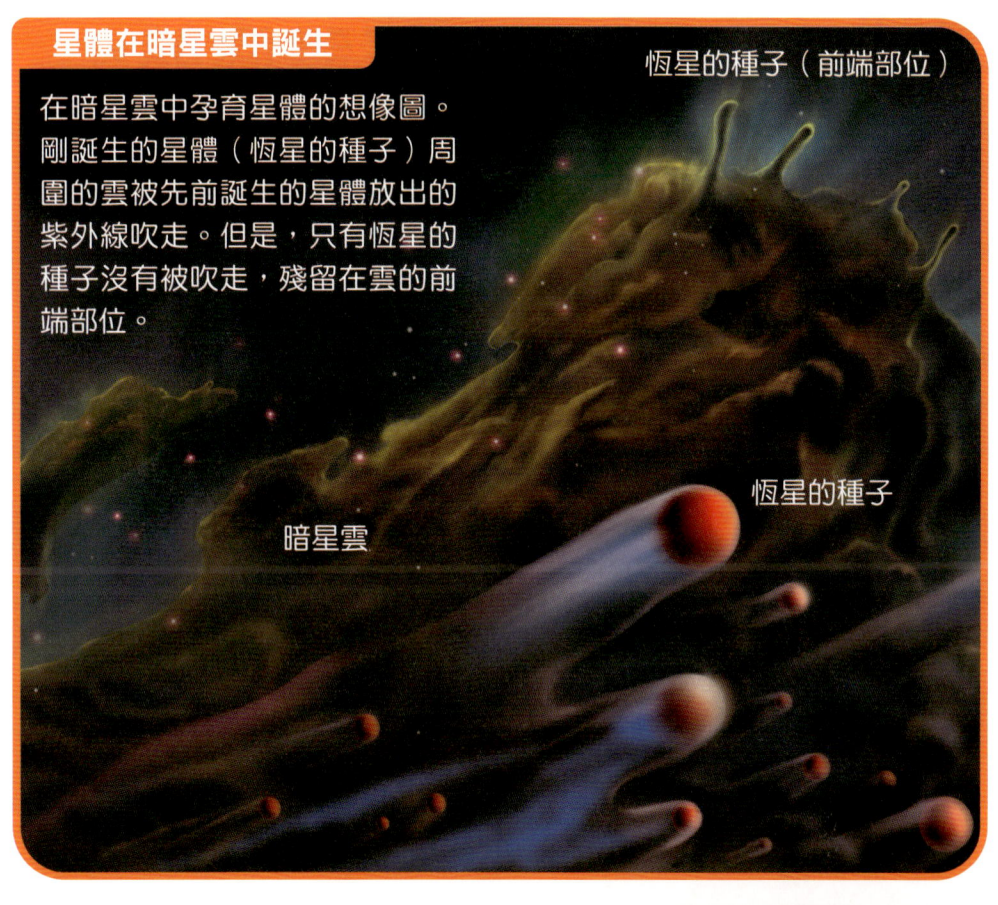

暗星雲

特別黑暗的暗星雲

「哈伯太空望遠鏡」拍攝的「船底座η星雲（NGC3372）」的一部分。這個天體是個散發出明亮光芒的瀰漫星雲。看似陰暗剪影的區域是個暗星雲。

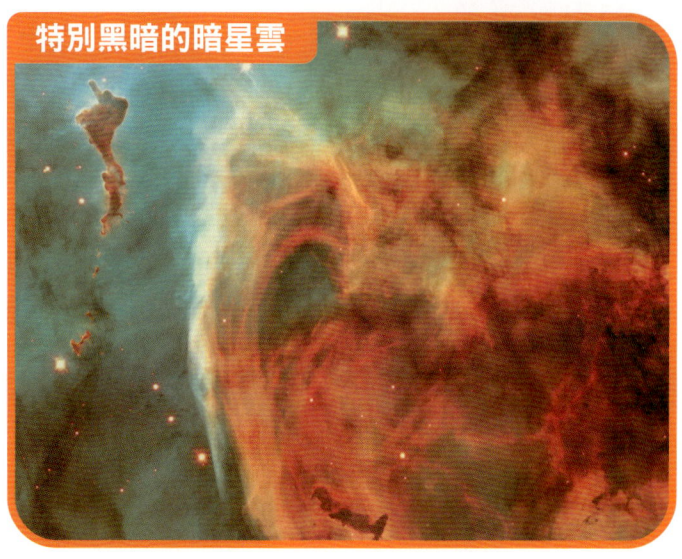

151

03 原始太陽在氣體圓盤的中心誕生

太陽的種子把周圍的氣體「星際雲」聚攏在一起。種子漸漸變得高溫、高密度，最後變成一顆發光的球。就這樣，也可以稱為「太陽童年時代」的「原始太陽」誕生了。

星際雲一邊繞轉一邊往太陽的種子墜落，結果在原始太陽的周圍形成了氣體的圓盤，稱為「原始太陽系圓盤」。繼太陽之後，太陽系也迎來了童年時代。

氣體圓盤的氣體不斷往原始太陽墜落，其中一部分往圓盤上下兩側噴出去，形成「噴流」。

比噴射機的引擎還要厲害吧！

筆記

原始太陽比現在的太陽大 10 倍以上，亮度為 10 倍左右，呈現偏紅的顏色。由於內部的溫度及密度比現在的太陽低，所以應該沒有發生氫轉變成氦的「核融合反應」（第 35 頁）

想知道更多

氣體圓盤的內部幾乎都是氫氣和氦氣，還有 1% 是微塵。

6 太陽系的誕生到死亡

噴流
往原始太陽墜落的物質有一部分噴飛出去的現象。如果往中心部位掉落的物質減少了，噴流就會消失。

中心有顆原始太陽

開始發光的原始太陽

在氣體圓盤中心開始發光的原始太陽想像圖。圓盤的半徑可能有100天文單位左右，重量可能只有原始太陽的1%左右。從圓盤往原始太陽墜落的物質的量有其上限，超過上限的部分在墜入之前就會噴飛出去而形成「噴流」。

153

04 原始行星從氣體圓盤內的大量微塵中誕生

氣體圓盤一邊繞著原始太陽旋轉，一邊逐漸冷卻。氣體中的微塵可能因此而聚集在一起，使得「微塵圓盤」的厚度越來越薄。

微塵會繼續進一步集結，逐漸成長為無數個更大的團

> 據估計，微行星大概有100億顆哦！

筆記

微塵圓盤如果變薄，則密度會提高。結果，可能使得微塵彼此的引力發揮作用，於是形成了大型的團塊。

原始行星

塊。按照這種方式形成的直徑數公里的小天體稱為「微行星」。大小和微行星差不多的天體反覆地互相撞擊而合併，進一步成長為大型天體。

由於微行星彼此不斷地撞擊和合併，最後終於誕生了「原始行星」，也可以稱為「行星的童年時代」。

越靠圓盤的內側，微行星的數量越多，而且繞轉的速度也越快，所以微行星之間發生撞擊的情況也越激烈。因此，原始行星可能是從內側開始形成的。

原始行星

環繞原始太陽旋轉的原始行星

微行星的體積越大則重力越強，也就越容易吸引其他微行星。因此，碰撞及合併的情況也會越來越多，所以原始行星的形成速度可能非常快。

想知道更多

內側的微行星的主要成分可能是岩石及鐵，外側的微行星的主要成分可能是冰。

05 岩質行星和巨行星的形成過程並不相同

　　氣體圓盤中心附近的氣體，由於被原始太陽吸入等原因而逐漸消失。這麼一來，眾多原始行星便藉由彼此的重力而更加強力地互相吸引，發生激烈的撞擊和合併。

　　於是，在太陽系的內側逐漸形成了從水星到火星的岩質行星。

　　另一方面，在更外側，分布著大量的冰微塵等物質可作為行星的原料，所以形成了比內側更大的原始行星。這些原始行星把殘留在周圍的氣體吸收進來，變得越來越巨大。於是，形成了木星及其外側的巨行星。

筆記

越靠外側的原始行星，公轉軌道越長，所以吸收進來的氣體的量越多。但是，隨著時間的經過，圓盤的氣體越來越少。越靠外側的原始行星，成長越慢，越晚才形成，所以能夠吸收進來的氣體也就越少。

想知道更多

圓盤的氣體也會因為被原始太陽放出的紫外線及 X 射線加熱而散逸消失。

6 太陽系的誕生到死亡

岩質行星的誕生

在氣體圓盤的內側，可能形成了數十顆原始行星。圓盤的氣體消失之後，由於原始行星彼此的重力導致軌道錯亂，於是開始發生巨大的撞擊（大碰撞）。最後殘留下來的，是原始的水星、金星、地球和火星。

原始行星系圓盤的氣體消失的狀態

橢圓軌道交錯而導致碰撞、合併

太陽

> 吸收氣體最多的木星變成了最大的行星吧！

氣體行星的誕生

後來成長為木星和土星的原始行星，藉著吸收公轉軌道上的氣體而逐漸成長。較早誕生的原始木星已經吸收了大量氣體時，較晚誕生的原始土星才剛開始吸收周圍所剩不多的氣體，於是形成了不同的大小。

內側軌道的氣體已經消失了？

太陽

木星軌道附近的氣體已經被木星大量吸收，剩下不多。

吸收了相當多氣體的原始木星

剛開始吸收氣體的原始土星

06 原始太陽一邊收縮一邊成長為現在的太陽

　　圓盤的氣體消失之後，原先被微塵和氣體遮蔽的原始太陽終於顯露出它的樣貌。

　　當時的原始太陽內部的密度很低，所以不像現在的太陽一樣發生核融合反應。體積比現在的太陽大，但由於本身的重力而逐漸收縮。

顯露樣貌的原始太陽

氣體圓盤中的微塵成長為微行星，氣體雲因為被原始太陽吸收及其他原因而消失。圓盤中心部位放晴了，所以原始太陽應該是利用可見光也能看得到。

我是一暝大一寸！

想知道更多
銀河系的恆星有 90% 左右處於主序星的階段。

原始太陽持續收縮，內部的密度逐漸提高，溫度也逐漸上升。升高到大約1000萬℃時，開始發生氫的核融合反應。這麼一來，重力產生的收縮力和核融合反應產生的膨脹力取得平衡，使太陽的大小穩定下來。

筆記

宇宙中有許多像太陽這樣的恆星，被科學家們進行了詳細的調查。即將發生核融合反應之前的恆星稱為「金牛T型星」，會逐漸收縮。然後，絕大多數恆星會演化到稱為「主序星」（炙熱核心向外膨脹的熱壓力與外圍包層向內擠壓的重力壓維持平衡）的階段，藉由核融合反應而發出明亮的光輝。

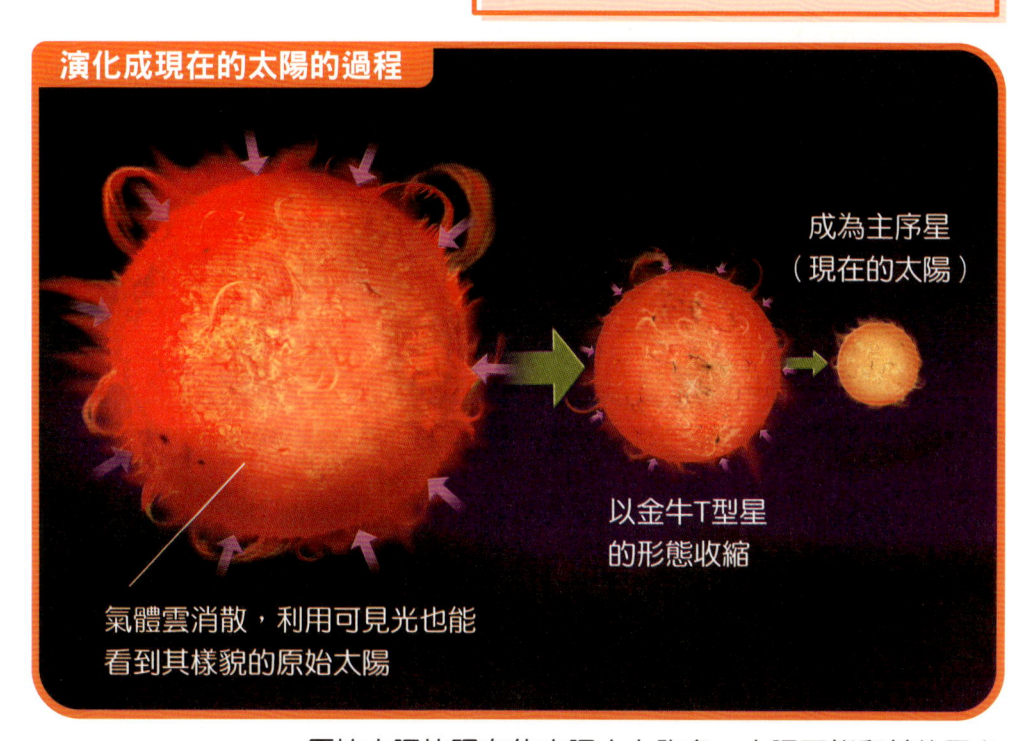

演化成現在的太陽的過程

成為主序星（現在的太陽）

以金牛T型星的形態收縮

氣體雲消散，利用可見光也能看到其樣貌的原始太陽

原始太陽比現在的太陽大上許多。太陽可能和其他眾多恆星一樣，也是歷經金牛T型星的階段收縮而成長為主序星，如今是一顆大小和亮度都穩定的明亮恆星。

07 太陽從紅巨星演化到白矮星而結束一生

從這個單元開始，我們來看看，太陽未來會演化成什麼樣子吧！

現在的太陽穩定地發光。但是，再過大約60億年後，太陽核心的核融合反應使用的氫絕大多數都轉變成氦了。當核融合反應的強度不足以抵抗重力時，核心會開始收縮，並導致核心升溫。核心溫度升高導致核心周圍殼層的氫燃燒，產生核融合反應。

這麼一來，核心外側殼層的核融合反應產生的膨脹力會大於重力產生的收縮力，使得太陽開始膨脹，成為一顆稱為「紅巨星」的巨大天體。

然後，太陽會反覆地收縮又膨脹，同時把周圍的氣體往外釋放。

我們可以在「行星狀星雲」的天體看到和這個情況十分相似的景象。在它的中心部位，產生一個稱為「白矮星」的天體，接著可能會一直持續地冷卻下去。

> **想知道更多**
> 比太陽重8倍以上的恆星，在誕生的數千萬年後，就會發生超新星爆炸而消失。

6 太陽系的誕生到死亡

太陽也有生命週期

據估計，太陽能夠持續穩定發光的期間約100億年。太陽是在約46億年前誕生，所以未來還有60億年左右能夠維持目前的狀態。接著，會逐漸膨脹而演化成為紅巨星，最後把外側的氣體全部燒光，在大約80億年後演化成為白矮星。

> **筆記**
>
> 太陽的核融合反應一旦停止，會給地球的環境和生命帶來致命的影響。但是，在核融合反應停止之前，太陽可能已經大幅膨脹而進入紅巨星的階段，足以把好幾顆行星的軌道吞進太陽裡面。

現在的太陽

成為紅巨星的太陽

太陽朝我這邊逼過來了～～

成為白矮星的太陽

161

08 演化成紅巨星的太陽會反覆地膨脹和收縮

再稍微仔細地看一下太陽演化成紅巨星的模樣吧！

現在的太陽核心持續發生氫轉變成氦的核融合反應（第35頁）。在氦逐漸增加的同時，中心部位的氫越來越少了，當核融合反應的強度不足以抵抗重力時，核心開始收縮，並導致核心升溫。核心溫度升高導致核心周圍殼層的氫燃燒。

如果在氦（核心）的外側殼層發生氫的核融合反應，收縮力和膨脹力會失去平衡，使太陽演化成為紅巨星。但是，當核心的氦開始發生核融合反應時，這個平衡又會恢復。氦在核融合反應後轉變成氧和碳，於是藉由和氫的核融合反應相似的運作規律，又逐漸演化成紅巨星。

① 發生核融合反應的場所移往外側殼層

促使收縮的力
促使膨脹的力

剖面圖
核心
輻射層
對流層
輻射層的底部（沒有發生核融合反應的氫）
氫（發生核融合反應）

核心的放大圖

現在（主序星時代）的太陽

氫（發生核融合反應）
氦（沒有發生核融合反應）

63億～76億年後的膨脹期的太陽
（太陽約109億～122億歲）

想知道更多
如果太陽的半徑變大，表面的溫度會下降，所以會比現在更紅。

產生核融合反應。

一旦在核心外側的殼層發生核融合反應,那麼往外膨脹的力就會大於重力產生的收縮力。這麼一來,太陽就會演化成半徑比現在更大的「紅巨星」。

故事說到這裡還沒有結束。大量的氦會被本身的重量往中心部位擠壓,形成超高壓的狀態,於是開始發生氦的核融合反應。

然後,太陽的大小會因為氦和氫的核融合反應而一會兒收縮,一會兒膨脹。在這個過程中,氦也逐漸減少。

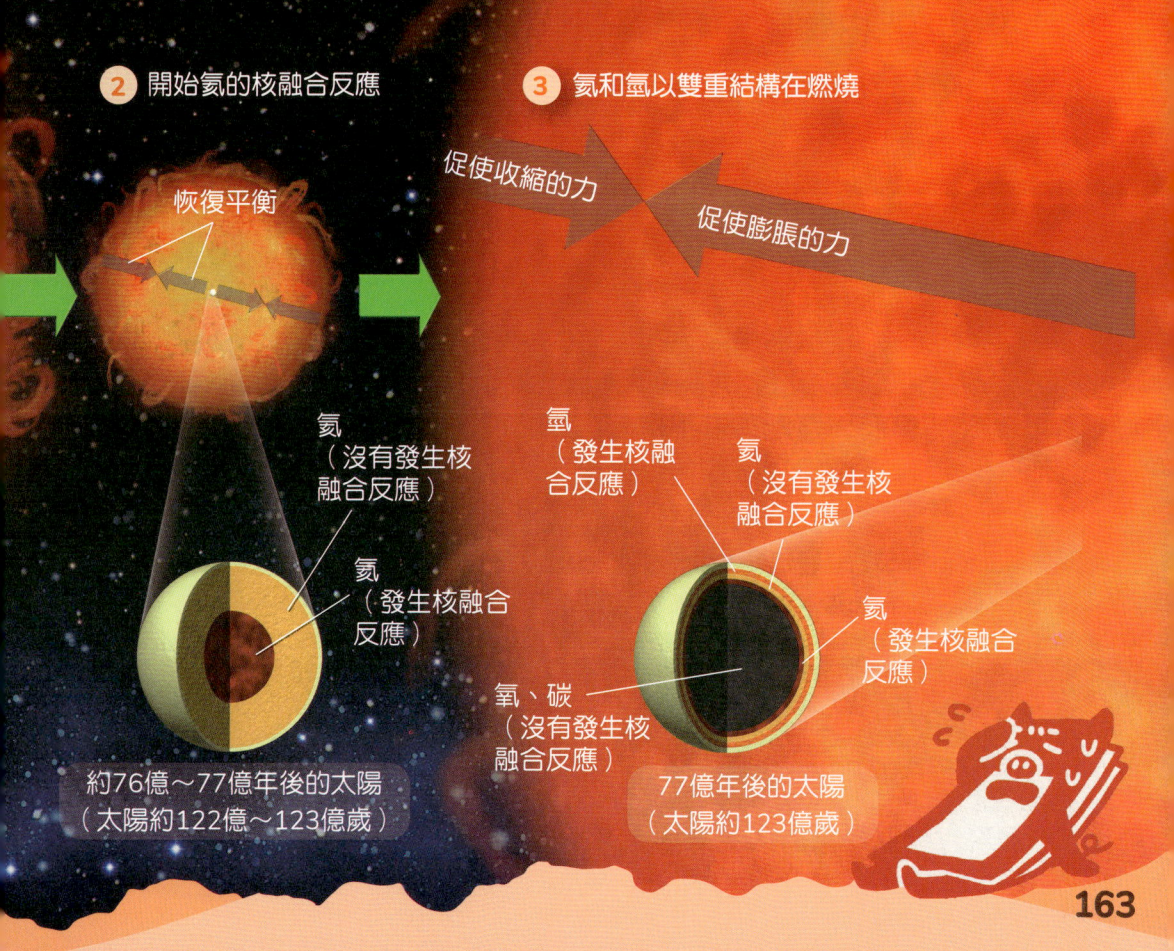

2 開始氦的核融合反應

恢復平衡

氫（沒有發生核融合反應）

氦（發生核融合反應）

約76億～77億年後的太陽
（太陽約122億～123億歲）

3 氦和氫以雙重結構在燃燒

促使收縮的力
促使膨脹的力

氫（發生核融合反應）

氦（沒有發生核融合反應）

氦（發生核融合反應）

氧、碳（沒有發生核融合反應）

77億年後的太陽
（太陽約123億歲）

09 太陽最後會外側剝離而成為行星狀星雲

　　太陽在演化成為紅巨星之後繼續膨脹，到了大約77億年後，直徑將比現在大200倍以上。

　　到了大約80億年後，太陽外側的氣體和微塵逐漸剝離，飄浮在太陽周圍，形成「行星狀星雲」。這些氣體和微塵受到從太陽核心放出的電磁波的照射，發出美麗的光輝。在核心，有一顆剛誕生的「白矮星」。這是一顆每1立方公分重達1公噸的高密度星體。

筆記

「行星狀星雲」和行星一點關係也沒有。這種天體被發現時，看起來並不是一個點，而是像行星一樣具有大小，所以才給它取這個名稱。行星狀星雲是在18世紀首次被發現，或許當時的望遠鏡只能看到朦朧的模樣。

想知道更多
發現行星狀星雲的人是英國天文學家赫歇爾。

6 太陽系的誕生到死亡

演化成為行星狀星雲的太陽

插圖表示太陽的外側剛剛剝離後的想像場景。外側的青藍色部分是從太陽剝離出來的氣體和微塵，紅褐色的部分是微塵和氣體特別濃密的區域，中心的白色部分則含有電漿氣體（第32頁）。行星狀星雲的形狀也有可能會受到木星及土星的影響。

殘留的太陽核心（白色部分）

木星　土星

太陽毀滅了！

10 太陽誕生123億年後會演化成**白矮星**而走向死亡

　　太陽在演化成為白矮星之後，內部殘留著氦的核融合反應所製造的氧和碳。

　　遺憾的是，因為重量不夠，無法促使這些氧和碳發生核融合反應。太陽在失去膨脹力之後，因為重力而逐漸收縮。

　　最後，收縮到了極限，便成為白矮星的「完成形」。這也是太陽在誕生123億年後，所迎來的最終樣貌。

筆記

碳和氧的核融合反應需要7億℃的溫度才能發生。如果要產生這樣的溫度，必須製造出超高壓的環境才行，但是以太陽殼層的重量來說還不夠。

演化成為白矮星的太陽

剛誕生的白矮星是白色的，這是因為在紅巨星時期的核融合反應所產生的熱，使得它的溫度超過1萬℃。白矮星已經不再擁有能量的來源，所以後來只會一直冷卻下去。它的內部有由氧和碳構成的核心，外圍有包覆表面的氦層。

想知道更多
在白矮星裡面，重力產生的引力和電子產生的斥力取得平衡。

6 太陽系的誕生到死亡

重量和太陽差不多,卻只有地球的大小!

太陽外側剝離的氣體和微塵(行星狀星雲)

演化成白矮星的太陽

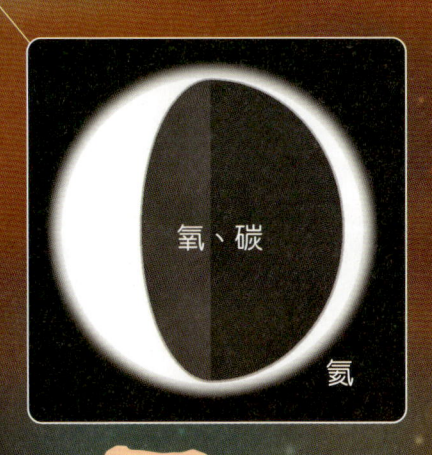

氧、碳

氦

167

11 影像藝廊
太空望遠鏡拍攝的**行星狀星雲**

在太陽系的外面，有無數個散發璀燦光輝的行星狀星雲。

我們來看看，太空望遠鏡拍攝的恆星臨終的姿態吧！

> **恆星臨終的樣貌**

NASA的「史匹哲太空望遠鏡」利用紅外線拍攝的「螺旋星雲」。這是一個位於水瓶座的方向上，距離地球700～650光年的行星狀星雲。周圍的綠色是從中心的恆星剝離的氣體。中心附近的紅色部分可能是包圍著白矮星（紅心中央的小白點）的微塵圓盤。

6 太陽系的誕生到死亡

> 恆星的重量不同，臨終的樣貌也不一樣哦！

想知道更多
螺旋星雲是一個靠近太陽系的行星狀星雲，使用大型天文望遠鏡就能夠看到它。

下課時間

我們是由恆星的碎片構成的?

在恆星的內部,氫經由核融合反應轉變成氦,氦再轉變成氧、碳等更重的元素。

在太陽的內部,無法製造出比這更重的元素。但如果是更大更重的恆星,便能製造出更重的元素。

重量為太陽的8倍以上的恆星,在臨終時會發生超新星爆炸,也能製造出重元素,並且藉由這個爆炸,把重元素拋撒到宇宙空間。

可以說,構成我們身體的碳等元素,正是因為有這樣的爆炸,才能從恆星的內部爆發出來。我們就是由恆星的碎片構成的!

超新星爆炸

大約46億年前,在銀河系發生的超新星爆炸的想像圖。如果沒有重星的死亡,製造我們這些生命體的原料可能就不會被拋撒到宇宙空間。

十二年國教課綱對照表

第一碼「主題代碼」：主題代碼（A～N）+ 次主題代碼（a～f）。

主題	次主題
物質的組成與特性（A）	物質組成與元素的週期性（a）、物質的形態、性質及分類（b）
能量的形式、轉換及流動（B）	能量的形式與轉換（a）、溫度與熱量（b）、生物體內的能量與代謝（c）、生態系中能量的流動與轉換（d）
物質的結構與功能（C）	物質的分離與鑑定（a）、物質的結構與功能（b）
生物體的構造與功能（D）	細胞的構造與功能（a）、動植物體的構造與功能（b）、生物體內的恆定性與調節（c）
物質系統（E）	自然界的尺度與單位（a）、力與運動（b）、氣體（c）、宇宙與天體（d）
地球環境（F）	組成地球的物質（a）、地球與太空（b）、生物圈的組成（c）
演化與延續（G）	生殖與遺傳（a）、演化（b）、生物多樣性（c）
地球的歷史（H）	地球的起源與演變（a）、地層與化石（b）
變動的地球（I）	地表與地殼的變動（a）、天氣與氣候變化（b）、海水的運動（c）、晝夜與季節（d）
物質的反應、平衡及製造（J）	物質反應規律（a）、水溶液中的變化（b）、氧化與還原反應（c）、酸鹼反應（d）、化學反應速率與平衡（e）、有機化合物的性質、製備及反應（f）
自然界的現象與交互作用（K）	波動、光及聲音（a）、萬有引力（b）、電磁現象（c）、量子現象（d）、基本交互作用（e）
生物與環境（L）	生物間的交互作用（a）、生物與環境的交互作用（b）
科學、科技、社會及人文（M）	科學、技術及社會的互動關係（a）、科學發展的歷史（b）、科學在生活中的應用（c）、天然災害與防治（d）、環境汙染與防治（e）
資源與永續發展（N）	永續發展與資源的利用（a）、氣候變遷之影響與調適（b）、能源的開發與利用（c）

第二碼「學習階段」：以羅馬數字表示，I（國小 1-2 年級）；II（國小 3-4 年級）；III（國小 5-6 年級）；IV（國中 7-9 年級）。
第三碼「流水號」：學習內容的阿拉伯數字流水號。

頁碼	單元名稱	階段/科目	《太陽系的學校》十二年國教課綱自然科學領域學習內容架構表
020	太陽的周圍有 8 顆行星在繞轉	國小/自然	INc-III-15 除了地球外，還有其他行星環繞著太陽運行。
		國中/地科	Fb-IV-1 太陽系由太陽和行星組成，行星均繞太陽公轉。
022	如果太陽是直徑 100 公分的大球，那麼地球就像彈珠，木星就像鉛球	國小/自然	INc-III-2 自然界或生活中有趣的最大或最小的事物（量），事物大小宜用適當的單位來表示。
		國中/跨科	INc-IV-4 不同物體間的尺度關係可以用比例的方式來呈現。
024	即使搭乘高鐵，也要花 1700 年以上才能抵達海王星	國中/跨科	INc-IV-4 不同物體間的尺度關係可以用比例的方式來呈現。
026	太陽系中，除了行星，還有衛星和小天體在繞轉	國中/地科	Fb-IV-1 太陽系由太陽和行星組成，行星均繞太陽公轉。 Fb-IV-3 月球繞地球公轉。
030	太陽噴出的火焰大小是地球直徑的幾十倍	國小/自然	INa-III-8 熱由高溫處往低溫處傳播，傳播的方式有傳導、對流和輻射。
		國中/理化	Bb-IV-1 熱具有從高溫處傳到低溫處的趨勢。 Bb-IV-4 熱的傳播方式包含傳導、對流與輻射。
034	太陽的能量來自核融合反應	國小/自然	INa-III-8 熱由高溫處往低溫處傳播，傳播的方式有傳導、對流和輻射。
		國中/理化	Bb-IV-1 熱具有從高溫處傳到低溫處的趨勢。 Bb-IV-4 熱的傳播方式包含傳導、對流與輻射。 Kb-IV-2 帶質量的兩物體之間有重力，例如：萬有引力。 Kc-IV-3 磁場可以用磁力線表示，磁力線方向即為磁場方向，磁力線越密處磁場越大。

038	太陽的能量只有 22 億分之 1 抵達地球	國小 / 自然	INa- II -6	太陽是地球能量的主要來源，提供生物的生長需要，能量可以各種形式呈現。
		國中 / 跨科	INa- IV -1	能量有多種不同的形式。
			INa- IV -2	能量之間可以轉換，且會維持定值。
			INg- IV -1	地球上各系統的能量主要來源是太陽，且彼此之間有流動轉換。
			Bc- IV -3	植物利用葉綠體進行光合作用，將二氧化碳和水轉變成醣類養分，並釋出氧氣；養分可供植物本身及動物生長所需。
			Bd- IV -1	生態系中的能量來源是太陽，能量會經由食物鏈在不同生物間流轉。
			Bd- IV -2	在生態系中，碳元素會出現在不同的物質中（例如：二氧化碳、葡萄糖），在生物與無生物間循環使用。
			Ba- IV-2	光合作用是將光能轉換成化學能；呼吸作用是將化學能轉換成熱能。
			Nc- IV -3	化石燃料的形成與特性。
044	在太陽系中，只有地球確認有生命存在	國小 / 自然	INc- III -10	地球是由空氣、陸地、海洋及生存於其中的生物所組成的。
			INe- III -9	地球有磁場，會使指北針指向固定方向。
		國中 / 跨科	Fa- IV -1	地球具有大氣圈、水圈和岩石圈。
			Kc- IV-4	電流會產生磁場。
046	二氧化碳在陸地和海洋循環，維持氣候穩定	國小 / 自然	INc- III -10	地球是由空氣、陸地、海洋及生存於其中的生物所組成的。
			INd- III -11	海水的流動會影響天氣與氣候的變化。
			INd- III -12	自然界的水循環主要由海洋或湖泊表面水的蒸發，經凝結降水，再透過地表水與地下水等傳送回海洋或湖泊。
		國中 / 跨科	INg- IV -2	大氣組成中的變動氣體有些是溫室氣體。
			INg- IV -4	碳元素在自然界中的儲存與流動。
			INg- IV -7	溫室氣體與全球暖化的關係。
			Fa- IV -1	地球具有大氣圈、水圈和岩石圈。
			Ia- IV -3	板塊之間會相互分離或聚合，產生地震、火山和造山運動。
			Ic- IV -2	海流對陸地的氣候會產生影響。
048	地球的樣貌隨著成長而有很大的變化	國中 / 地科	Hb- IV -1	研究岩層岩性與化石可幫助了解地球的歷史。
050	太陽光和地球的自轉使地表保持溫暖	國小 / 自然	INa- II -6	太陽是地球能量的主要來源。
			INd- II -4	空氣流動產生風。
			INa- III -8	熱由高溫處往低溫處傳播，傳播的方式有傳導、對流和輻射。
		國中 / 跨科	Bb-IV-1	熱具有從高溫處傳到低溫處的趨勢。
			Bb-IV-4	熱的傳播方式包含傳導、對流與輻射。
			INg- IV -1	地球上各系統的能量主要來源是太陽。
			Ib- IV -2	氣壓差會造成空氣的流動而產生風。
			Ib- IV -3	由於地球自轉的關係會造成高、低氣壓空氣的旋轉。
052	大規模的洋流也和溫暖的氣候有關	國小 / 自然	INa- III -8	熱由高溫處往低溫處傳播，傳播的方式有傳導、對流和輻射。
			INd- III -11	海水的流動會影響天氣與氣候的變化。
		國中 / 跨科	INg- IV -1	地球上各系統的能量主要來源是太陽，且彼此之間有流動轉換。
			Bb-IV-1	熱具有從高溫處傳到低溫處的趨勢。
			Bb-IV-4	熱的傳播方式包含傳導、對流與輻射。
			Ic- IV -2	海流對陸地的氣候會產生影響。

054	地球有四季是因為自轉軸稍微傾斜	國小 / 自然	INd-II-6	一年四季氣溫會有所變化。
		國中 / 地科	Id-IV-2	陽光照射角度之變化，會造成地表單位面積土壤吸收太陽能量的不同。
			Id-IV-3	地球的四季主要是因為地球自轉軸傾斜於地球公轉軌道面而造成。
058	月球是地球唯一的衛星	國中 / 地科	Fb-IV-3	月球繞地球公轉。
062	製造出月球的大撞擊	國小 / 自然	INd-III-3	地球上的物體（含生物和非生物）均會受地球引力的作用，地球對物體的引力就是物體的重量。
		國中 / 理化	Kb-IV-1	物體在地球或月球等星體上因為星體的引力作用而具有重量。
			Kb-IV-2	帶質量的兩物體之間有重力，例如：萬有引力。
064	月球呈現在夜空的形狀會依它和太陽的位置關係而改變	國小 / 自然	INc-II-10	月亮會盈虧的變化。
		國中 / 地科	Fb-IV-4	月相變化具有規律性。
066	潮汐的漲落和月球有很大的關係	國中 / 地科	Ic-IV-1	海水運動包含波浪、海流和潮汐，各有不同的運動方式。
			Ic-IV-4	潮汐變化具有規律性。
068	當月球進入地球的影子時會發生月食	國中 / 地科	Fb-IV-3	月球繞地球公轉；日、月、地在同一直線上會發生日月食。
070	把人類送上月球的阿波羅計畫和以月球及火星為目標的阿提米絲計畫	國中 / 地科	Mb-IV-2	科學史上重要發現的過程。
072	太陽也有可能被月球遮蔽嗎？	國中 / 地科	Fb-IV-3	月球繞地球公轉；日、月、地在同一直線上會發生日月食。
074	最靠近太陽的水星是顆布滿隕石坑的「鐵球」	國小 / 自然	INc-III-15	除了地球外，還有其他行星環繞著太陽運行。
078	金星是一顆非常像地球但環境過度嚴苛的行星	國中 / 地科	Fb-IV-2	類地行星的環境差異極大。
082	金星的絕大部分表面被熔岩覆蓋著	國中 / 地科	Fb-IV-2	類地行星的環境差異極大。
084	金星的氣流「超級旋轉」秒速100公尺	國中 / 地科	Fb-IV-2	類地行星的環境差異極大。
086	火星是環境類似地球的紅色行星	國小 / 自然	INc-III-15	除了地球外，還有其他行星環繞著太陽運行。
		國中 / 地科	Fb-IV-2	類地行星的環境差異極大。
088	人類把探測車送上了火星	國中 / 地科	Mb-IV-2	科學史上重要發現的過程。
092	火星上有太陽系中最大的火山	國中 / 地科	Fb-IV-2	類地行星的環境差異極大。
126	矮行星和小天體也在太陽系中繞轉	國小 / 自然	INc-III-15	除了地球外，還有其他行星環繞著太陽運行。
		國中 / 地科	Fb-IV-1	太陽系由太陽和行星組成，行星均繞太陽公轉。
136	人類成功取得小行星的碎片	國中 / 地科	Mb-IV-2	科學史上重要發現的過程。
148	宇宙在138億年前誕生，然後產生無數顆恆星	國中 / 地科	Ed-IV-1	星系是組成宇宙的基本單位。
			Ed-IV-2	我們所在的星系，稱為銀河系，主要是由恆星所組成；太陽是銀河系的成員之一。
154	原始行星從氣體圓盤內的大量微塵中誕生	國中 / 地科	Fb-IV-1	太陽系由太陽和行星組成，行星均繞太陽公轉。
156	岩質行星和巨行星的形成過程並不相同	國中 / 地科	Fb-IV-1	太陽系由太陽和行星組成，行星均繞太陽公轉。

Photograph

10～13	NASA/Johns Hopkins University Applied Physics Laboratory/Carnegie Institution of Washington
14-15	NASA/JPL-Caltech/MSSS
16-17	NASA/JPL
18	NASA/ESA/CSA/STScI
29	NASA
31	NASA/GSFC/SOHO/ESA To learn more go to the SOHO
40-41	NAOJ/JAXA
41	©国立天文台/JAXA
42	SOHO（ESA&NASA）
59	NASA
60-61	NASA/Goddard/SwRI/JHU-APL/Tod R. Lauer (NOIRLab)
61	（月面地質図）Corey M. Fortezzo（USGS）, Paul D. Spudis（LPI）, Shannon L. Harrel（SD Mines）, NASA/GSFC/Arizona State University
68～71	NASA
72	（金環日食）©国立天文台,（皆既日食）撮影：福島英雄, 宮地晃平, 片山真人
76-77	NASA/Johns Hopkins University Applied Physics Laboratory/Carnegie Institution of Washington
79～81	NASA/JPL
81	ESA-AOES Medialab
83	NASA/JPL
85	JAXA
87	NASA, James Bell Cornell Univ., Michael Wolff Space Science Inst., and the Hubble Heritage Team STScI/AURA
88-89	NASA/JPL-Caltech/MSSS, NASA/JPL-Caltech
91	NASA/JPL/USGS, ESA/DLR/FU Berlin CC BY-SA 3.0 IGO
92-93	NASA/JPL, NASA, NASA/JPL/Arizona State University, NASA/JPL/MSSS, NASA/MOLA Science Team
94	NASA/JPL/Cornell/Max Planck Institute, NASA/JPL/Cornell
97	NASA
99	NASA/JPL-Caltech/SwRI/MSSS/Kevin M. Gill
100-101	NASA, ESA, and J. Nichols（University of Leicester）, NASA and the Hubble Heritage Team STScI/AURA Acknowledgment : NASA/ESA, John Clarke University of Michigan, JPL/NASA/STScI
103	NASA
105	NASA/JPL-Caltech/Space Science institute
106-107	NASA/JPL-Caltech/SSI/Cornell, NASA/JPL
108	NASA/JPL/Space Science Institute
109	NASA/JPL/Science Institute
111	NASA/JPL/Space Science Institute,
113	NASA, NASA/JPL/ASI/University of Arizona/University of Leicester
115	NASA, NASA, ESA, and M.Showalter（SETI Institute）
116	NASA
118-119	NASA/JPL-Caltech, NASA, ESA, and M.Showalte（SETI institute）
123	NASA, NASA/ESA/CSA/STScI
126-127	NASA, NASA/Johns Hopkins University Applied Physics Laboratory/Carnegie Institution of Washington, NASA, NASA Goddard Space Flight Center Image by Reto St kli（land surface, shallow water, clouds）. Enhancements by Robert Simmon（ocean color, compositing, 3D globes, animation）. Data and technical support : MODIS Land Group ; MODIS Science Data Support Team ; MODIS Atmosphere Group ; MODIS Ocean Group Additional data : USGS EROS Data Center（topography）; USGS Terrestrial Remote Sensing Flagstaff Field Center（Antarctica）; Defense Meteorological Satellite Program（city lights）., NASA, James Bell（Cornell Univ.）, Michael Wolff（Space Science Inst.）, and The Hubble Heritage Team（STScI/AURA）, NASA, NASA/JPL-Caltech 117 NASA/JPL/University of Arizona, NASA/JPL/Space Science Institute, NASA, Astrogeology Team, U.S.Geological Survey, Flagstaff, Arizona, NASA/JPL/Caltech, James Hastings Trew/Constantine Thomas/NASA/JPL
128～131	NASA/JHUAPL/SwRI
133	NASA/JPL-Caltech/UCLA/MPS/DLR/IDA, NASA/JPL
134	NASA
137	JAXA,（リュウグウ）JAXA, 東京大, 高知大, 立教大, 名古屋大, 千葉工大, 明治大, 会津大, 産総研
139	NASA/Johns Hopkins University Applied Physics Laboratory/Southwest Research Institute
141	ESA/Rosetta/MPS for OSIRIS Team MPS/UPD/LAM/IAA/SSO/INTA/UPM/DASP/IDA（CC BY-SA 4.0）
144-145	forcdan/stock.adobe.com, NASA/JPL-Caltech/UCLA/MPS/DLR/IDA
151	NASA and The Hubble Heritage Team（STScI/AURA）
168-169	NASA/JPL -Caltech/K. Su（Univ. of Ariz.）

Illustration

◇キャラクターデザイン　宮川愛理

12	Newton Press
16	Newton Press
20～28	Newton Press
33	藤丸恵美子
34-35	Newton Press
36-37	Newton Press, 荒内幸一
38-39	Newton Press
44～49	Newton Press
50-51	増田庄一郎
52-53	奥本裕志
55～58	Newton Press
63	Newton Press, 黒田清桐
65～68	Newton Press
74	Newton Press
75	増田庄一郎
78	Newton Press
83	門馬朝久
84	Newton Press
86	Newton Press
96	Newton Press
102-103	田中盛穂
104	Newton Press
110	Newton Press
114-115	Newton Press
117	小林 稔
120-121	Newton Press
124	Newton Press
126-127	Newton Press
135	Newton Press
138-139	Newton Press
141～143	Newton Press
146	Newton Press
148～151	Newton Press
153～167	Newton Press
171	小林 稔

國家圖書館出版品預行編目(CIP)資料

太陽系學校 / 日本Newton Press作；黃經良翻譯. --
第一版. -- 新北市：人人出版股份有限公司, 2025.01
    面；   公分. -- (兒童伽利略；3)
    ISBN 978-986-461-420-2 (平裝)

1.CST: 太陽系   2.CST: 行星   3.CST: 通俗作品

323.2   113017974

兒童伽利略❸

太陽系學校

作者／日本Newton Press

翻譯／黃經良

審訂／王存立

發行人／周元白

出版者／人人出版股份有限公司

地址／231028新北市新店區寶橋路235巷6弄6號7樓

電話／(02)2918-3366（代表號）

傳真／(02)2914-0000

網址／www.jjp.com.tw

郵政劃撥帳號／16402311人人出版股份有限公司

製版印刷／長城製版印刷股份有限公司

電話／(02)2918-3366（代表號）

香港經銷商／一代匯集

電話／（852）2783-8102

第一版第一刷／2025年1月

定價／新台幣400元

港幣133元

NEWTON KAGAKU NO GAKKO SERIES TAIYOKEI NO GAKKO
Copyright © Newton Press 2023
Chinese translation rights in complex characters arranged with
Newton Press
through Japan UNI Agency, Inc., Tokyo
www.newtonpress.co.jp

●著作權所有　翻印必究●